写给中小学生的C++入门

陈　勐　许浩然　赵玉喜　杨　敏　主编

山东大学出版社
SHANDONG UNIVERSITY PRESS
·济南·

目　　录

第11章 用户自定义函数

第 1 节　初识自定义函数

我们之前有学习过数学函数,并且利用数学函数解决了一些数学问题,非常方便。可能有同学会问:“数学函数是什么呀,它是怎么算出结果来的?”其实,数学函数是函数的一个小分类,接下来我们就一起来学习一下什么是函数,函数是干什么的,怎么写函数。

 初始函数

先看一个题目:求两个整数中的最大值。

参考代码 1:

```
#include<iostream>
using namespace std;
int main(){
    int a,b;
    cin>>a>>b;
    if(a>b) cout<<a;
    else  cout<<b;
    return 0;
}
```

①C++程序必须有且只能有一个名为 main 的主函数。

②C++程序的执行总是从 main 函数开始,在 main 中结束。

③cin 和 cout 为 C++的标准输入输出函数,属于标准函数库。

参考代码 2:

```
#include<iostream>
using namespace std;
int max(int a, int b){
```

```
    if(a>b) return a;
    else  return b;
}
int main(){
    int x,y,z;
    cin>>x>>y;
    z=max(x,y);
    cout<<z;
    return 0;
}
```

max 是用户自定义函数，int 为返回类型，max 为函数名，括号里的“int a，int b”为函数的形式参数。

比较上面两个程序容易发现，使用自定义函数的程序有以下优点：

①程序结构清晰，逻辑关系明确，程序可读性强。

②解决相同或相似问题时不用重复编写代码，可通过调用函数来解决，减少了代码量。

③利用函数实现模块化编程，各模块功能相对独立，利用“各个击破”降低调试难度。

 函数定义

前面我们用过了很多 C++标准函数，但是这些标准函数并不能满足所有需求。当我们需要特定的功能函数时，就需要我们要学会自定义函数，根据需求定制想要的功能。

函数定义的语法如下：

```
返回类型  函数名(参数列表){
    函数体
}
```

关于函数定义的几点说明：

①自定义函数符合“根据已知计算未知”这一机制，参数列表相当于已知，是自变量，函数名相当于未知，是因变量。如参考代码 2 中 max 函数的功能是找出两个数的最大数，参数列表中 x 相当于已知——自变量，max 函数的值相当于未知——因变量。

②函数名是标识符，一个程序中除了主函数名必须为 main 外，其余函数的名字按照标

识符的取名规则命名。

③参数列表可以是空的，即无参函数，也可以有多个参数，参数之间用逗号隔开，不管有没有参数，函数名后的括号不能省略。参数列表中的每个参数，由参数类型说明和参数名组成。如 max 函数的参数列表数有两个参数，两个参数类型分别是 int，int，两个参数名分别是 a，b。

④函数体是实现函数功能的语句，除了返回类型是 void 的函数，其他函数的函数体中至少有一条语句是“return 表达式；”用来返回函数的值。执行函数过程中碰到 return 语句，将在执行完 return 语句后直接退出函数，不去执行后面的语句。

⑤返回值的类型一般是前面介绍过的 int、double、char 等类型。有时函数不需要返回任何值，例如函数可以只描述一些过程，就像用 printf 向屏幕输出一些内容，这时只需定义函数返回类型为 void，并且无须使用 return 返回函数的值。

函数分类

1. 从函数定义的角度

①库函数：由 C++编译系统提供，用户无须定义，也不必在程序中作类型说明，只需在程序前包含有该函数原型的头文件即可，“如＃include<iostream>”，在程序中可直接调用这些函数。例如 cin、cout、puts( ) 等函数均属此类。

②用户自定义函数：由用户按需要编写的函数。对于用户自定义函数，不仅要在程序中定义函数本身，而且在主调函数模块中还必须先对该被调函数进行函数声明，然后才能使用。

2. 从有无返回值的角度

①有返回值函数：此类函数被调用执行完后将向调用者返回一个执行结果，称为“函数返回值”，如数学函数即属于此类函数。

②无返回值函数：此类函数用于完成某项特定的处理任务，执行完成后不向调用者返回函数值。用户在定义此类函数时可指定它的返回为空类型，即 void。

3. 从函数参数传递的角度

①有参函数(带参函数)：在函数定义及函数声明时都有参数，称为“形式参数”，简称“形参”。在函数调用时也必须给出参数，称为“实际参数”，简称“实参”。进行函数调用时，主调函数将把实参的值传送给形参，供被调函数使用。

②无参函数：在函数定义、函数说明及函数调用中均不带参数。主调函数和被调函数之间不进行参数传送。此类函数通常用来完成一组指定的功能。

函数声明与调用

函数原型的作用是告诉编译器有关函数的信息，即：

①函数的名字。

②函数返回的数据类型。

③函数要接受的参数个数、参数类型和参数的顺序。

编译器根据函数原型检查函数调用的正确性。

函数原型的形式为：

类型　函数名(形式参数表)；

函数原型是声明语句，末尾要加分号。

例如：

```
#include <iostream>
using namespace std ;
double  max( double x,double y);     //函数定义
int main(){
    double a,b,c,m1,m2 ;
    cout<<"input a,b,c:\n" ;
    cin>>a>>b>>c;
    m1=max(a,b);     //函数调用
    m2=max(m1,c);     //函数调用
    cout<<"Maximum="<<m2<<endl ;
}
double  max(double x,double y){     //函数定义
    if (x>y)
      return  x ;
    else
       return  y ;
}
```

函数定义出现在调用之前可以不作函数原型声明。

例如：

```
#include <iostream>
using namespace std;
double  max(double x,double y){     //函数定义
    if  (x>y)
        return  x;
    else
        return  y;
}
int main(){
    double a,b,c,m1,m2;
    cout<<"input a,b,c:\n";
    cin>>a>>b>>c;
    m1=max(a,b);     //函数调用
    m2=max(m1,c);     //函数调用
    cout<<"Maximum="<<m2<<endl;
}
```

函数调用时，函数名必须与函数定义时完全一致，实参与形参个数相等，类型一致，按顺序一一对应。被调用函数必须是已存在的函数，如果调用库函数，一定要包含相对应的头文件。

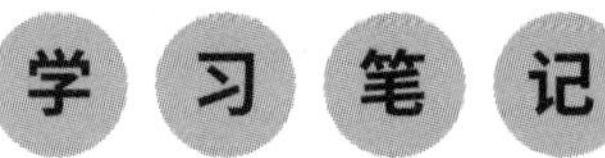

学习内容：初始函数、函数定义、函数分类、函数声明与调用

1. 初始函数

一个函数一个功能，一个 C++程序里必须有且只能有一个 main 函数。

2. **函数定义**

一个函数由函数头和函数体构成，函数头包括返回值类型、函数名、参数表构成，函数体则是实现某一个功能的具体代码。

3. **函数分类**

可几种角度划分函数的分类：

①定义的角度（标准库函数、用户自定义函数）。

②有无返回值的角度（有返回值函数、无返回值函数）。

③参数传递的角度（带参函数、无参函数）。

4. **函数声明与调用**

声明的作用是告诉编译器有关函数的信息，包括返回值类型、函数名、参数表；调用则是具体如何使用函数，包括可直接调用、可将函数作为参数、可将函数返回值做运算等。

动手练习

【练习 11.1.1】

题目描述

写一个用户自定义函数，输入一个整数后，调用用户自定义函数判断这个数是否只能被 1 和它本身整除，是的话在主函数中输出“prime”，反之输出“not prime”。

输入

输入一个数 n(2≤n≤10000)。

输出

如果是的话输出“prime”，如果不是则输出“not prime”。

样例输入

```
97
```

样例输出

```
prime
```

小可的答案

```
#include<iostream>
using namespace std;
bool sushu(int);
int main() {
    int x;
    cin>>x;
    int f=sushu(x);
    if(f==1) cout<<"prime";
    else cout<<"not prime";
    return 0;
}
bool sushu(int x) {
    for (int i=2;i*i<=x;i++) {
        if(x%i==0) return 0;
    }
    return 1;
}
```

关注"小可学编程"微信公众号，获取答案解析和更多编程练习。

【练习 11.1.2】

题目描述

小明刚学会闰年的判断，就想大展身手一下，他现在想统计一下从起始年份 a 和终止年份 b 共有多少个闰年(包括 a，b，1≤a≤b≤3000)。

输入

输入一行，两个正整数，分别表示 a 和 b，之间用一个空格隔开。

输出

输出一行，一个正整数，表示公元 a 年到公元 b 年之间的所有闰年数。

样例输入

```
2000 2004
```

样例输出

```
2
```

小可的答案

```
#include<iostream>
using namespace std;
int leap(int a) {
    if(a%4==0&&a%100!=0||a%400==0) {
        return 1;
    }
    return 0;
}
int cal(int a,int b) {
    int sum=0;
    for (int i=a;i<=b;i++) {
        if(leap(i))
            ++sum;
    }
    return sum;
}
int main() {
    int a,b;
    cin>>a>>b;
    cout<<cal(a,b);
    return 0;
}
```

关注"小可学编程"微信公众号，获取答案解析和更多编程练习。

【练习 11.1.3】

题目描述

开心王国开始向人们开放了，但是开放的原则为必须要答对问题才可以进入，问题是计算出自己所在位置 n 的阶乘。n 的阶乘即 $n!=1\times2\times3\times\cdots\times(n-1)\times n$。

输入

输入一行，一个正整数 n，$1\leqslant n\leqslant 20$。

输出

输出一行，一个正整数，表示 n! 的值。

样例输入

```
5
```

样例输出

```
120
```

小可的答案

```
#include<iostream>
using namespace std;
long long jie(int n){
    long long sum=1;
    for(int i=1;i<=n;i++){
        sum=sum*i;
    }
    return sum;
}
int main(){
    int n;
    cin>>n;
    long long m=jie(n);
    cout<<m;
    return 0;
}
```

关注“小可学编程”微信公众号，获取答案解析和更多编程练习。

进阶练习

【练习 11.1.4】

题目描述

由于人数实在太多，开心王国不得不提高计算的难度来减少进入的人数，所以他们提出了新的问题，求出从 1 到自己位置 n 每个数的阶乘并相加(即求 1!+2!+3!+…+n!)，结果正确的才可以进入。

输入

输入一行，包含一个正整数 n(1<n<12)。

输出

输出一行，表示阶乘的和。

样例输入

```
5
```

样例输出

```
153
```

第 2 节　函数的参数传递

前面我们学习了函数的概念、函数的分类以及函数该怎么写，接下来学习一下函数的参数传递。

 函数的参数传递

函数的参数包括形式参数(形参)和实际参数(实参)。

形参即定义函数时函数名后面括号中的变量名，实参即调用函数时函数名后面括号中的常量、变量、表达式或函数调用。

1. 传值参数

函数通过参数来传递输入数据，参数通过传值机制来实现。

前面程序中的函数都采用了传值参数，采用的传递方式是值传递。函数在被调用时，用克隆实参的办法得到实参的副本传递给形参，改变函数形参的值并不会影响外部实参的值。

我们来看以下代码。

例题 11.2.1

```
#include<iostream>
using namespace std;
int add(int,int);
int main(){
    int a,b,c;
    a=2;
    b=4;
    c=add(a,b);
    cout<<"c="<<c<<endl;
    return 0;
}
int add(int i,int j){
    i++;j++;
    return (i+j);
}
```

结果输出:c=8。

虽然结果c=8,但是程序执行结束后,a 和 b 的值还是没有变化。在值传递函数调用过程中,形参与实参各自占有一个独立的存储空间,形参的存储空间在函数被调用时才分配,函数返回时形参占据的临时存储区被撤销。

2.引用参数

在实际应用中,有时希望在执行被调函数后,能修改主调函数中一个或多个变量的值。如对一组数排序,如果将排序功能写成一个函数,我们希望在排序函数执行后,主调函数能得到排序后的结果,但是函数参数如果采用值传递的方式是无法完成这个任务的,这时就需要采用地址传递的方式。我们知道,数组名就是数组的首地址,所以让数组名作为函数参数,这并不是把实参数组每个元素的值都赋给形参数组的各个元素,而是把实参数组的首地址传给形参数组。实际上,形参数组和实参数组拥有同一段内存空间,因此,形参数组发生变化时,实参数组也随之变化。

例如:

```
#include<iostream>
using namespace std;
# define N 6
void sort(int a[N]);
int main(){
    int b[N],i;
    for (i=0;i<N;i++)
        cin>>b[i];
    sort(b);
    for (i=0;i<N;i++)
        cout<<b[i]<<" ";
    return 0;
}
void sort(int a[N]){
    int i,j,temp;
    for (i=0;i<N-1;i++)
        for (j=0;j<N-1-i;j++)
            if(a[j]>a[j+ 1]){
                temp=a[j];
                a[j]=a[j+1];
                a[j+1]=temp;
            }
}
```

函数定义时在形式参数名之前加“&”，则该参数就是引用参数，把参数声明成引用参数，实际上改变了缺省的按值传递参数的传递机制，引用参数会直接关联到其所绑定的对象，而并非这些对象的副本。形参就像是对应实参的别名，形参的变化会保留到实参中。

在第 1 章变量交换的程序中，采用引用参数的程序可以写成以下形式：

```
1   #include<iostream>
2   using namespace std;
3   void swap(int &a,int &b){
4       int t=a;
5       a=b;
6       b=t;
7   }
8   int main(){
9       int x,y;
10      cin>>x>>y;
11      swap(x,y);
12      cout<<x<<'  '<<y<<endl;
13      return 0;
14  }
```

运行结果
输入:3 4
输出:4 3

说明：

①程序第 3 行“void swap(int &a, int &b)”声明为两个整型变量起了别名，一个叫 a，一个叫 b，谁叫 a、谁叫 b 要看谁来调用谁。

②讲到变量要想到有一个内存地址与之联系，主程序在第 10 行用“int x,y;”定义 x 和 y，之后系统为整型变量 x 和 y 分别安排了存储空间，其内存地址分别为“&x”和“&y”。x 是内存地址“&x”的符号名，y 是内存地址“&y”的符号名。这里的“&”为取地址操作符。

③将第 11 行和第 3 行放到一起看实参传递给形参的过程相当于声明：a 是 x 的引用（“int &a=x;”），b 是 y 的引用（“int &b=y;”）。或者说 a 成为变量 x 地址（“&x”）的符号名的别名，b 成为变量 y 地址（“&y”）的符号名的别名。

经过引用之后，a 和 b 替代了 x 和 y。说得更直白些，系统向形参传送的是实参的地址“&x”和“&y”。在子函数中，a 是“&x”的符号地址，b 是“&y”的符号地址。子函数执行时，操作 a 和 b 就等同于操作 x 和 y。

学习笔记

学习内容:值传参、引用、引用传参

1. **值传参**

实参和形参是两个概念,若实参和形参数据类型相同且是普通的变量,则调用函数时,实参将值传给了形参,对于形参值的改变并不会影响实参的值。

2. **引用**

变量的引用相当于变量的“别名”,一个变量 a 和它的引用 b 指的是同一个内存空间。

3. **引用传参**

引用作为参数传递,此时的形参为引用,若改变引用的值,则会改变实参的值。

动手练习

【练习 11.2.1】

题目描述

输入三个整数 x,y,z。然后求 h。

h=maxx(x,y,z)/(maxx(x+y,y,z)×maxx(x,y,y+z)) 。

提示:maxx(x,y,z)是求 x,y,z 中最大值。

输入

输入一行,三个整数 x,y,z。

输出

求 h ,保留到小数点后三位。

样例输入

```
1 2 3
```

样例输出

```
0.200
```

小可的答案

```
#include<iostream>
#include<cstdio>
int maxx(int,int,int);
using namespace std;
int main(){
    int a,b,c;
    cin>>a>>b>>c;
    double m=1.0*maxx(a,b,c)/(maxx(a+b,b,c)*maxx(a,b,b+c));
    printf("%.3lf",m);
    return 0;
}
int maxx(int a,int b,int c){
    int max;
    max=a>b? a:b;
    max=c>max? c:max;
    return max;
}
```

关注“小可学编程”微信公众号，获取答案解析和更多编程练习。

进阶练习

【练习 11.2.2】

题目描述

输入两个整数 a，b。调用函数输出对应的算术运算后的结果。算术运算有“+”“-”“*”“/”“%”五种运算。

输入

输入一行，一个算术表达式。

输出

输出一行，表示整型算数运算的结果(结果值不一定为 2 位数，可能多于 2 位或少于 2 位)。

样例输入

```
32+ 64
```

样例输出

```
96
```

第 3 节 函数的嵌套调用、全局变量、局部变量

经过前面的学习，相信大家对函数的掌握已经非常好了，之前我们写函数一般调用一次就可以了，接下来我们学习一下函数间的互相调用，即函数的嵌套调用。

函数的调用

函数之间有三种调用关系：主函数调用其他函数、其他函数互相调用、函数递归调用。

C++程序从主函数开始执行，主函数由操作系统调用，主函数可以调用其他函数，其他函数之间可以互相调用，但不能调用主函数，所有函数是平行的，可以嵌套调用，但不能嵌套定义。

例题 11. 3. 1

编程计算以下公式的结果，其中 $k \geqslant 0, n \geqslant 0$，阶乘值不超出 long long、int 的范围。

$$C_n^m = \frac{n!}{m!\ (n-m)!}$$

解析：先定义一个求阶乘的函数："fact (x)=x!"，由主函数输入数据 a，b，通过调用 fact()函数完成计算。再定义一个计算组合数的函数："bin(n,m)=fact(n)/(fact(m)*fact(n-m));"，由主函数输入数据 a，b，求 bin(a，b)。bin()函数通过调用 fact()函数完成计算。

参考答案：

```
#include<iostream>
using namespace std;
long long fact(int m) {
    int i;
    long long f=1;
    for (i=1;i<=m;i++)
        f=f * i;
    return f;
}
```

```
long long bin(int n,int m) {
    return (fact(n)/(fact(m) * fact(n- m)));
}
int main() {
     int a,b;
     long long c;
     cin>>a>>b;
     c= bin(a,b);
     cout<<c<<endl;
     return 0;
}
```

main 函数中调用 bin 函数,而 bin 函数中三次调用 fact 函数,main 函数是嵌套调用 fact 函数

例题 11.3.2

编程求 $\sum_{x=1}^{n} x^k$，输入 k 和 n 的值。

解析:假设输入 k=3，n=5，即求 $1^3+2^3+3^3+4^3+5^3$。

可分为以下 4 步求解:

① 输入 n 和 k 的值。

② 求幂运算,即计算 x^k。

③ 求和运算,即计算 $1^k+2^k+\cdots+n^k$。

④ 输出结果。

需要编写三个函数:求幂函数 power()、求和函数 sop()、main()函数。

参考答案:

```
#include<iostream>
#include<cstdio>
using namespace std;
float sop(int m,int t);      //求和
float power(int p,int q);     //求幂
```

```
int main(){
    int k,n;
    float sum;
    cin>>k>>n;
    sum=sop(n,k);
    printf("%.0f\n",sum);
    return 0;
}
float sop(int m,int t) {
    int i;
    float sum,p;
    sum=0;
    for (i=1;i<=m;i++){
        p=power(i,t);
        sum=sum+p;
    }
    return sum;
}
float power(int p,int q) {
    int i;
    float value;
    value=1;
    for (i=1;i<=q;i++)
        value=value * p;
    return value;
}
```

变量的作用域

作用域描述了变量在程序的多大范围内可见、可使用。C++程序中的变量按作用域分为全局变量和局部变量。

全局变量:定义在函数外部、没有被花括号括起来的变量称为“全局变量”。全局变量的作用域是从变量定义的位置开始到文件结束。由于全局变量是在函数外部定义的,因此

对所有函数而言都是外部的,可以在文件中位于全局变量定义后面的任何函数中使用。

局部变量:定义在函数内部、作用域为局部的变量称为“局部变量”。函数的形参和在该函数里定义的变量都为该函数的局部变量。

全局变量和局部变量都有生命周期,变量从被生成到被撤销的这段时间就称为“变量的生存期”,实际上就是变量占用内存的时间。局部变量的生命周期是从函数被调用的时刻开始到函数结束返回主函数时结束。而全局变量的生命周期与程序的生命周期是一样的。若程序中全局变量与局部变量同名,且同时有效,则以局部变量优先,即在局部变量的作用范围内,全局变量不起作用。

例题 11.3.3

编写函数求某班级学生成绩的最高分、最低分和平均分。

解析:由于题目要求得到最高分、最低分和平均分三个值,但一个函数最多有一个返回值,为解决这个问题,可以通过使用全局变量来实现。编写函数计算并返回平均分,最高分和最低分则通过定义两个全局变量得到。

参考答案:

```
#include<iostream>
using namespace std;
int g_max, g_min;      //定义全局变量 g_max, g_min
float Average(int a[],int n);
int main(){
    int n,s[50];
    float fAve;
    cin>>n;      //输入班级人数
    for(int i=0;i<n;i++)  cin>>s[i];
    fAve=Average(s,n);      //调用 Average 函数
    cout<<fAve<<","<<g_max<<","<<g_min<<endl;
    return 0;
}
float Average(int a[],int n) {      //定义 Average 函数
   float fAver, fSum=0;      //fSum 初始化为 0
   g_max=g_min=a[0];      //全局变量 g_max, g_min 赋初值为 a[0]
```

```
    for (int i=1;i<n;i++) {
        if(a[i]>g_max)   g_max=a[i];
        if(a[i]<g_min)   g_min=a[i];
        fSum=fSum+ a[i];      //计算总分
    }
    fAver=fSum/n;      //计算平均分
    return(fAver);     //返回平均分
}
```

例题 11.3.4

编写一个函数，由实参传来一个字符串，统计此字符串中字母、数字、空格和其他字符的个数，在主函数中输入字符串以及输出上述结果。只要结果，别输出什么提示信息。

参考答案：

```
#include<iostream>
#include<cstring>
using namespace std;
int letter=0,digit=0,space=0,other=0;     //全局变量
void count(char s[]);
int main(){
    char str[100];
    cin.getline(str,100);
    count(str);
    cout<<letter<<"  "<<digit<<"  "<<space<<"  "<<other<<endl;
    return 0;
}
void count(char s[]) {
    int i,len;
    len=strlen(s);
    for (i=0;i<len;i++) {
        if(s[i]>='a'&&s[i]<='z'||s[i]>='A'&&s[i]<='Z') letter++;
        else if(s[i]>='0'&&s[i]<='9')  digit++;
```

```
            else if(s[i]==' ')  space++;
            else  other++;
        }
    }
```

学习笔记

学习内容：函数的嵌套调用、全局变量、局部变量

1. 函数的嵌套调用

在一个函数中调用函数的形式。

2. 全局变量

函数外部定义的变量，作用域从定义的位置起到程序结束。

3. 局部变量

①函数内部定义的变量，作用域从定义的位置起到其所在的函数语句运行结束。

②复合语句内定义的变量，作用域从定义的位置起到复合语句结束。

动手练习

【练习 11.3.1】

题目描述

输入一个数 a，统计 1～a 之间(包括 2 和 a)的素数个数。

输入

输入一行，一个正整数 a，2≤a≤10000。

输出

输出一行，一个正整数，表示答案。

样例输入

```
10
```

样例输出

```
4
```

小可的答案

```
#include<iostream>
using namespace std;
int prime(int x){
    for(int i=2;i*i<=x;++i){
        if(x%i==0){
            return 0;
        }
    }
    return 1;
}
int main(){
    int a;
    cin>>a;
    int sum=0;
    for(int i=2;i<=a;++i){
        if(prime(i)){
            ++sum;
        }
    }
    cout<<sum<<endl;
    return 0;
}
```

关注“小可学编程”微信公众号，获取答案解析和更多编程练习。

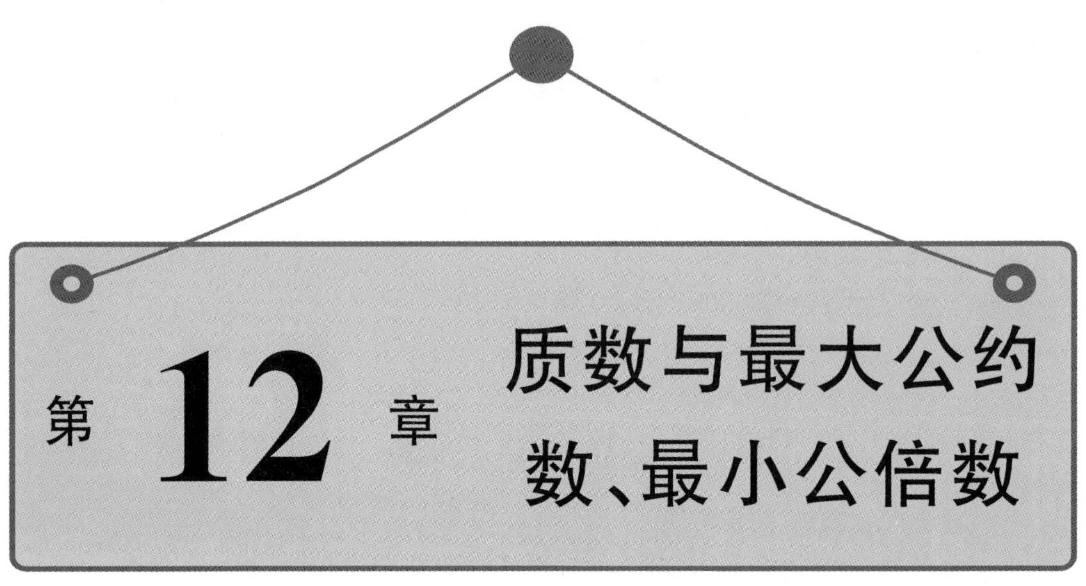

第12章 质数与最大公约数、最小公倍数

编程课堂

走，我们去上课吧！

好的！

小可

达达

第 1 节　质数概念、如何求质数

图 12-1-1 中的这封信是普鲁士数学家哥德巴赫在 1742 年 6 月 7 日写给瑞士数学家欧拉的，信中提出了“任意大于 5 的整数都可以写成 3 个质数之和”的猜想，现在不用这个约定了。欧拉在 1742 年 6 月 30 日的回信中注明，此猜想等价于另一个版本，即“任一大于 2 的偶数都可写成两个质数之和”。那么，信中两位数学家都提到的质数是什么呢？

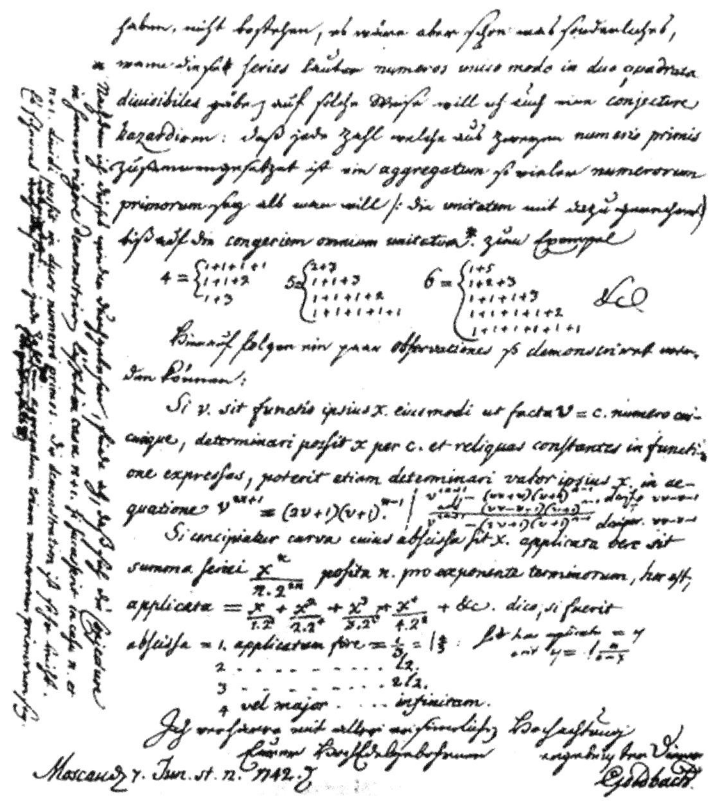

图 12-1-1

质数概念

质数又称“素数”，是指一个大于 1 的自然数，如果除了 1 和它自身外，不能被其他自然数整除，例如 2，3，5，7，3021377 等，反之就称为“合数”。1 既不是素数也不是合数。

例题 12.1.1

输入一个数 a，如果是质数输出“yes”，否则输出“no”。

解析：判断一个数 a 是不是质数，关键是判断这个数能否被 2～a－1 的数整除，如果可以的话就不是质数，否则就是质数。

参考答案：

```
#include<iostream>
using namespace std;
int main(){
    int a,fa=0;      //fa 标记 a 是否为质数
    cin>>a;
    for (int i=2;i<=a-1;++i){
        if (a%i==0){
                fa=1;
                break;
        }
    }
    if(fa==0){
        cout<<"yes";
    }else{
        cout<<"no";
    }
    return 0;
}
```

如何求质数

思考：我们学习了什么是质数，那么，有什么更好的方法去求哪些是质数呢？

我们可以在循环条件上做优化！使用“i＊i<=a”的循环条件可以避免重复判断。比如 a 是 6 时，如果循环条件为“i＊i<=6”，这样 i 遍历到 2 时就可以证实 2×3＝6 成立，而不用再去遍历 3 是否为 6 的因数。

例题 12.1.2

输出 1～120 内的所有质数。

解析:方法一:使用嵌套循环,外层循环来遍历1～120内的数,内层循环来遍历判断该数是否为质数。

参考答案:

```
#include <iostream>
using namespace std;
int main(){
    int a;
    for (a=2;a<=120;a++){
        int fa=0;      //fa 标记 a 是否为质数
        for (int i=2;i*i<=a;++i){
            if(a%i==0){
                fa=1;
                break;
            }
        }
        if(fa==0){
            cout<<a<<endl;
        }
    }
    return 0;
}
```

方法二:函数实现。

参考答案:

```
#include <iostream>
using namespace std;
bool Prime(int a) {      //利用函数来判断 a 是否为质数
    for (int i=2;i*i<=a;i++) {
        if(a%i==0)
            return false;
    }
    return true;
}
```

```
int main() {
    int a;
    for (a=2;a<=120;a++) {
        if(Prime(a)==true)
            cout<<a<<endl;
    }
    return 0;
}
```

学习内容:质数、求质数的方法

1. **质数**

质数又称“素数”,是指一个大于 1 的自然数,如果除了 1 和它自身外,不能被其他自然数整除。

2. **求质数的方法**

判断一个数 n 是否为质数,关键是判断这个数能否被 2～n－1 的数整除,如果能被某一个数整除的话就不是质数。

①在 1～m 范围内求质数的话,可以使用嵌套循环,外层循环来遍历 1～m 的数,内层循环来遍历判断该数是否为质数。

②还可以使用函数实现判断质数这个功能,在主函数里面调用。

动手练习

【练习 12.1.1】

题目描述

哥德巴赫猜想被称为“近代三大数学难题之一”。在 1742 年给欧拉的信中,哥德巴赫提出了以下猜想:任一大于 2 的整数都可写成 3 个质数之和。他自己无法证明只能求助数学家欧拉。直到 2013 年 5 月,巴黎高等师范学院研究员哈洛德·贺欧夫各特宣布彻底证明了弱哥德巴赫猜想,同时意味着强哥德巴赫猜想也被证实了,其中称任意一个比 6 大的偶数总可以拆分为两个质数的和。现在需要我们验证哥德巴赫猜想,将 n 拆分为两个质数之和。如果有多种答案,请输出字典序最小的那一个。

输入

输入一行，一个正整数 n，6≤n≤1000。

输出

输出一行，一个表达式，表示字典序最小的一种分解方法，具体格式参见样例。

样例输入

```
8
```

样例输出

```
8=3+5
```

小可的答案

解题思路：通过读题可以发现，本题需要我们完成两个功能：

①判断质数功能：首先需要对 n 进行判断，判断它是否可以被 2 到 sqrt(n)的某个数字整除，当 n 可以被整除时，n 不是质数，否则 n 是质数。

②输入数据是否可以分解为两个素数和的功能：我们需要对 2～n 的数据进行拆分，拆分为 a，b 两个数，然后判断 a，b 是否都为质数，直至找出符合条件的两个素数。

```
#include<iostream>
using namespace std;
bool Prime(int n){
    int i;
    for(i=2; i*i<=n; i++){
        if(n%i==0){
            return false;
        }
    }
    return true;
}
void Goldbach(int x){
    int a,b;
    for(a=2;a<=x/2;a++){
        if(Prime(a)){
            b=x-a;
            if(Prime(b)){
```

```
                    cout<<x<<"="<<a<<"+"<<b<<endl;
                    break;
                }
            }
        }
    }
    int main(){
        int n;
        cin>>n;
        Goldbach(n);
        return 0;
    }
```

关注“小可学编程”微信公众号，获取答案解析和更多编程练习。

第2节　筛选法求质数

经过前面的学习，我们已经可以求出1～120内的所有质数，如果我们想要求更多的质数，还有什么更好的方法吗？现在就跟着老师继续往下看。

 筛选法求质数

我们知道，合数是某些数的倍数，把所有数的倍数（合数）删掉，那么剩下的就是质数。筛选法就是将所有的合数筛掉，只剩下质数。

1. 筛选法求质数的过程

①先把1删除（1既不是质数也不是合数）。

②读取当前最小的数2，然后把2的倍数删去。

③读取当前最小的数3，然后把3的倍数删去。

④读取当前最小的数5，然后把5的倍数删去。

……

ⓝ读取当前最小的状态为true的数n，然后把n的倍数删去。

2. 筛选法求质数的具体实现

为了实现使用筛选法求质数，我们需要使用一个数组来辅助完成具体功能：

```
int prime[121]={0};
```

将数组里面的数据置为1，则表示删掉该位置。

①先把1删除，1既不是质数也不是合数。

②读取当前最小的数2，然后把2的倍数删去。

……

重复上述过程，我们首先需要判断当前的数i是不是其他数据的倍数，若是，则不做任何操作，若不是，则将当前数i的倍数全部删去。因此，我们需要使用嵌套循环。

例题12.2.1

输出1～120内的所有质数（使用筛选法）。

参考答案：

```
#include <iostream>
using namespace std;
int main(){
    int prime[121]={0};
    prime[1]=1;
    for(int i=2;i<=120;i++){
        if(prime[i]==0){
            for(int j=i*2;j<=120;j+=i)
                prime[j]=1;
        }
    }
    for(int i=1;i<=120;++i){
        if(prime[i]==0)
            cout<<i<<endl;
    }
    return 0;
}
```

```
#include <iostream>
using namespace std;
void fun(int prime[]){
    prime[1]=1;
    for(int i=2;i<=120;i++) {
        if(prime[i]==0){
            for(int j=i*2;j<=120;j+=i)
                prime[j]=1;
        }
    }
    for (int i=1;i<=120;++i) {
        if(prime[i]==0)
            cout<<i<<endl;
```

```
    }
}
int main(){
    int prime[121]= {0};
    fun(prime);
    return 0;
}
```

记

学习内容:筛选法求质数

我们知道,合数是某些数的倍数,若把所有数的倍数(合数)删掉,那么剩下的就是质数。筛选法就是将所有的合数筛掉,只剩下质数。

具体实现时,我们需要使用一个数组来辅助完成具体功能“`int prime[121]= {0};`”。将数组里面的数据置为 1 则表示删掉该位置。

①先把 1 删除,1 既不是质数也不是合数。

②读取当前最小的数 2,然后把 2 的倍数删去。

……

重复上述过程,我们首先需要判断当前的数 i 是不是其他数据的倍数,若是,则不做任何操作,若不是,则将当前数 i 的倍数全部删去。因此,我们需要使用嵌套循环。

动手练习

【练习 12.2.1】

题目描述

一个大于 1 的自然数,除了 1 和它自身外,不能被其他自然数整除的数叫作“质数”,否则称为“合数”。现在使用筛选法求出 1~n 之间的所有质数。

输入

一个正整数 n(1<n≤100000)。

输出

1~n 之间的所有质数(包括 n,两个数之间用一个空格隔开)。

样例输入

```
20
```

样例输出

```
2 3 5 7 11 13 17 19
```

小可的答案

解题思路:若使用筛选法求质数,那么我们需要先定义一个数组,利用数组来标记数字是否被删掉。首先定义数组并初始化,表示所有数字未删掉“int prime[100005]={0};”。先将数字 1 删掉,即把 prime[1]置为 1,之后从 2 开始遍历到 n,判断是否未被删掉,没有则删掉其倍数。遍历完下标 1 到 n 之后,遍历数组判断数组元素为 0,并将下标输出,即筛选后留下的质数。

```
#include <iostream>
using namespace std;
int main(){
    int n,prime[100005]={0};
    prime[1]=1;
    cin>>n;
    for(int i=2;i<=n;i++){
        if(prime[i]==0){
            for(int j=i*2;j<=n;j+=i)
                prime[j]=1;
        }
    }
    for (int i=1;i<=n;++i){
        if(prime[i]==0)
            cout<<i<<" ";
    }
    return 0;
}
```

关注“小可学编程”微信公众号,获取答案解析和更多编程练习。

第 3 节 质因数分解、最大公约数和最小公倍数

我们上节课学习了什么是质数，如何求质数。现在我们将要学习如何求解几个数学上会用到的概念—质因数、最大公约数、最小公倍数。学习完如何求解之后，我们还会学习如何用代码实现求解过程。

质因数分解

1. 分解质因数

合数指自然数中除了能被 1 和本身整除外，还能被其他数（0 除外）整除的数，与之相对的是质数。每个合数都可以写成几个质数相乘的形式，其中每个质数都是这个合数的因数，这个过程叫作这个合数的“分解质因数”。分解质因数只针对合数。

例如：

$6=2\times3$

$28=2\times2\times7$

$60=2\times2\times3\times5$

2. 使用短除法分解质因数

把一个合数分解质因数，先用一个能整除这个合数的质数（通常从最小的质数 2 开始）去除，得出的商如果是质数，就把除数和商写成相乘的形式；得出的商如果是合数，就照上面的方法继续除下去，直到得出的商是质数为止，然后把各个除数和最后的商写成连乘的形式。

例如对于 360，我们就可以质因数分解成 $360=2\times2\times2\times3\times3\times5$，如图 12-3-1 所示。

```
2 | 360
   2 | 180
      2 | 90
         3 | 45
            3 | 15
                 5
```

图 12-3-1

例题 12.3.1

求解以下合数的质因数。

①45=

②72=

③156=

④456=

⑤1568=

参考答案:

①45=3×3×5

②72=2×2×2×3×3

③156=2×2×3×13

④456=2×2×2×3×19

⑤1568=2×2×2×2×2×7×7

最大公约数和最小公倍数

1. 约数和倍数

如果数 a 能被数 b 整除,那么 a 就是 b 的倍数,b 是 a 的约数。

2. 最大公约数

最大公约数也称为“最大公因数”,是指两个或多个整数共有约数中最大的一个。

3. 辗转相除法

辗转相除法又名“欧几里得算法”,是求最大公约数的一种方法。它的具体做法是:用较大数除以较小数,再用出现的余数(第一余数)去除除数,再用出现的余数(第二余数)去除第一余数,如此反复,直到最后余数是 0 为止。如果是求两个数的最大公约数,那么最后的除数就是这两个数的最大公约数。

例题 12.3.2

使用辗转相除法求 20 和 15 的最大公约数。

解析:利用辗转相除法我们可以得到 20 和 15 的最大公约数为 5,分述过程如图 12-3-2 所示。

参考答案:

```
#include<iostream>
using namespace std;
```

```
int main(){
    int a,b,r;
    a=20;
    b=15;
    while(a%b!=0){
        r=a%b;
        a=b;
        b=r;
    }
    cout<<b<<endl;
    return 0;
}
```

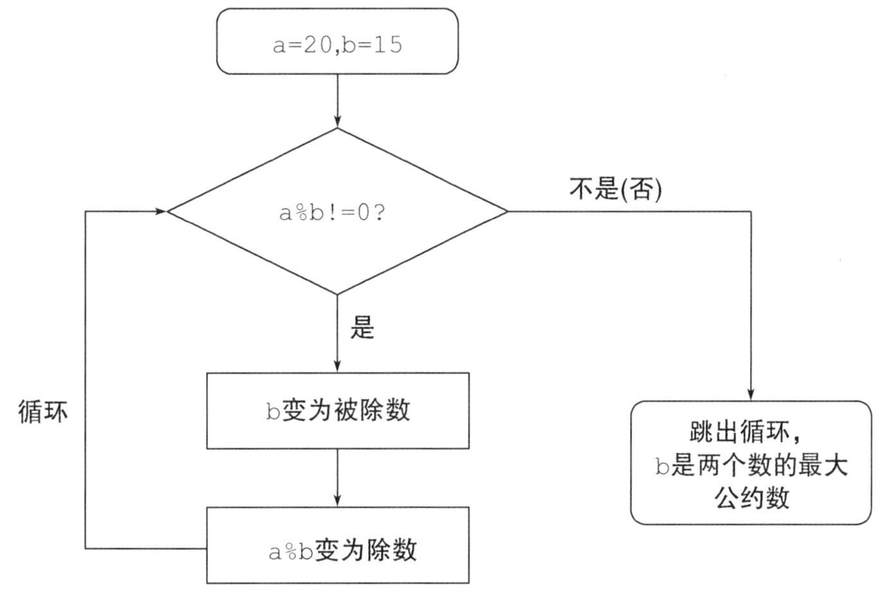

图 12-3-2

4. 最小公倍数

最小公倍数是指两个及以上的数的最小共同倍数,如要求 a 和 b 的最小公倍数,则最小公倍数=(a 和 b 的乘积)/(a 和 b 的最大公约数)。因此,要求出最小公倍数的关键还是求最大公约数。

例题 12.3.3

求出 20 和 15 的最小公倍数。

参考答案:

```
#include<iostream>
using namespace std;
int main(){
    int a,b,sum,r;
    a=20;
    b=15;
    sum=a*b;
    while(a%b!=0){
        r=a%b;
        a=b;
        b=r;
    }
    cout<<sum/b<<endl;
    return 0;
}
```

例题 12.3.4

巩固一下,填写答案

①辗转相除法:除数变被除数,________变除数,直至余数为 0,则________为最大公约数。

②最小公倍数=两数乘积除以________________。

参考答案:

①余数　除数

②其最大公约数

学习笔记

学习内容:质因数分解、最大公约数、最小公倍数

1. 质因数分解

使用短除法来分解质因数,具体方法是把一个合数分解质因数,先用一个能整

除这个合数的质数(通常从最小的质数2开始)去除,得出的商如果是质数,就把除数和商写成相乘的形式;得出的商如果是合数,就照上面的方法继续除下去,直到得出的商是质数为止,然后把各个除数和最后的商写成连乘的形式。

2. 最大公约数

使用辗转相除法求两个数的最大公约数。辗转相除法可以总结成:除数变被除数,余数变除数,直至余数为0,此时的除数就是两个数的最大公约数。

示例代码:

```
#include<iostream>
using namespace std;
int main(){
    int a,b,r;
    cin>>a>>b;
    while(a%b!=0){
        r=a%b;
        a=b;
        b=r;
    }
    cout<<b<<endl;
    return 0;
}
```

3. 最小公倍数

最小公倍数=(a和b的乘积)/(a和b的最大公约数)。

示例代码:

```
#include<iostream>
using namespace std;
int main(){
    int a,b,sum,r;
```

```
    cin>>a>>b;
    sum=a * b;
    while(a%b!=0){
        r=a%b;
        a=b;
        b=r;
    }
    cout<<sum/b<<endl;
    return 0;
}
```

动手练习

【练习 12.3.1】

题目描述

把一个合数分解成若干个质因数乘积的形式(即求质因数的过程)叫作“分解质因数”。分解质因数(也称“分解素因数”)只针对合数。输入一个正整数 n,将 n 分解成质因数乘积的形式。

输入

输入一个正整数 n,n 是一个合数。

输出

输出 n 被分解为质因数乘积的形式。

样例输入

```
36
```

样例输出

```
36=2 * 2 * 3 * 3
```

小可的答案

解题思路：对 n 进行质因数分解，我们应该用刚才学习的短除法。

①先定义 i 存放能整除 n 的最小质数。

②当 n 还能找到质因数，即不为 1 时，判断 n 能否被 i 整除，若能，则输出当前 i，并将 i 从 n 中短除掉。同时判断一下 n 还能否在下次循环中找到质因数，若能，输出“ * ”。

③若 n 不能被 i 整除，则 i 增量，找下一个质因数。

```
#include<iostream>
using namespace std;
int main(){
    int n;
    cin>>n;
    cout<<n<<"=";
    int i=2;
    while(n!=1){
        if(n%i==0){
            cout<<i;
            n=n/i;
            if(n!=1)
                cout<<"*";
        }
        else{
            i++;
        }
    }
    return 0;
}
```

关注“小可学编程”微信公众号，获取答案解析和更多编程练习。

【练习 12.3.2】

题目描述

几个数共有的倍数叫作这几个数的“公倍数”，其中除 0 以外最小的一个公倍数，叫作这几个数的“最小公倍数”。现给出两个正整数 a，b（1≤a，b≤1000），求这两个数的最小公倍数。

输入

输入一行，包含两个正整数 a 和 b，中间以一个空格隔开。

输出

输出一行，为 a 和 b 的最小公倍数 lcm(a,b)。

样例输入

```
123 321
```

样例输出

```
13161
```

小可的答案

解题思路：最小公倍数＝两整数的乘积/最大公约数，所以此题的本质还是利用辗转相除法求两个数的最大公约数。

①首先求出输入两数的乘积。

②利用辗转相除法求出两数的最大公约数。

③用乘积除以求出的最大公约数，得到两数的最小公倍数。

```
#include<iostream>
using namespace std;
int main(){
    int a,b,sum,r;
    cin>>a>>b;
    sum=a*b;
    while(a%b!=0){
        r=a%b;
        a=b;
        b=r;
    }
    cout<<sum/b<<endl;
    return 0;
}
```

关注“小可学编程”微信公众号，
获取答案解析和更多编程练习。

进阶练习

【练习 12.3.3】

题目描述

每个合数都可以写成几个质数相乘的形式，其中每个质数都是这个合数的因数，把一个合数用质因数相乘的形式表示出来，叫作“分解质因数”，如 30＝2×3×5 。分解质因数只针对合数。求出区间[a,b]中所有整数的质因数分解。

输入

输入两个整数 a,b，其中 a,b 都是大于等于 2 的正整数。

输出

每行输出一个数的分解，形如 k＝a1×a2×a3×…(a1⩽a2⩽a3⩽…，k 也是从小到大的)。具体见样例。

样例输入

```
3 10
```

样例输出

```
3=3
4=2*2
5=5
6=2*3
7=7
8=2*2*2
9=3*3
10=2*5
```

第13章 排序进阶

编程课堂

走，我们去上课吧！

好的！

小可

达达

第 1 节 排序进阶——桶排序

我们之前学习了很多排序方法，从这一章开始呢，我们就在之前学习的排序方法基础上升级一下，学习更高阶段的排序。首先来看下桶排序是如何升级的。

桶排序方法回顾

1. 去重的桶排序

用一个 bool 类型的数组来表示每一个数的状态，非 0 即 1。利用这个数组来作桶标记。

例如输入 5 个数：2，7，4，1，8，从小到大排序，我们就可以使用桶排序。

首先申请一个大小为 10 的数组，bool a[10]，包含 a[0]～a[9]，并初始化为 0。

0	0	0	0	0	0	0	0	0	0
a[0]	a[1]	a[2]	a[3]	a[4]	a[5]	a[6]	a[7]	a[8]	a[9]

我们现在只需将输入的数对应的“小房子”里面的数据置为 1 就可以了，例如：2 出现了，就将 a[2]的值置为 1。

0	0	1	0	0	0	0	0	0	0
a[0]	a[1]	a[2]	a[3]	a[4]	a[5]	a[6]	a[7]	a[8]	a[9]

把每一个出现的数字位置都置为 1，到最后数组里面的状态如下：

0	1	1	0	1	0	0	1	1	0
a[0]	a[1]	a[2]	a[3]	a[4]	a[5]	a[6]	a[7]	a[8]	a[9]

现在，我们只需要将数组数据为 1 的下标按顺序输出即可。

示例代码如下：

```
#include<iostream>
using namespace std;
int main(){
    int t;
    bool a[10] ={0};
    for (int i=0; i<5; i++){
        cin>>t;
        a[t]=1;
    }
    for (int i=0; i<10; i++){
        if(a[i]==1){
            cout<<i<<"  ";
        }
    }
    return 0;
}
```

2. 不去重的桶排序

使用一个 int 型的数组来帮助我们标记并且计算该数字出现的次数。

例如输入 2,5,2,1,8,则输出 1,2,2,5,8。首先申请一个大小为 10 的数组,int a[10],并初始化为 0。

0	0	0	0	0	0	0	0	0	0
a[0]	a[1]	a[2]	a[3]	a[4]	a[5]	a[6]	a[7]	a[8]	a[9]

现在只需将“小房间的值加 1”就可以了,例如 2 出现了,就将 a[2]的值加 1。

0	0	1	0	0	0	0	0	0	0
a[0]	a[1]	a[2]	a[3]	a[4]	a[5]	a[6]	a[7]	a[8]	a[9]

把每一个出现的数字位置都进行计数操作,加完之后的数组如下:

0	1	2	0	0	1	0	0	1	0
a[0]	a[1]	a[2]	a[3]	a[4]	a[5]	a[6]	a[7]	a[8]	a[9]

现在,我们只需要把每个数字输出相应的次数就可以。

示例代码如下：

```
#include<iostream>
using namespace std;
int main(){
    int  i,j,t, a[10]={0};     //数组初始化为 0
    for(i=1;i<=5;i++){     //循环读入 5 个数
        cin>>t;     //把每一个数读到变量 t 中
        a[t]++;     //t 所对应小房子中的值增加 1
    }
    for(i=0;i<=9;i++){     //依次判断 0~ 9 这个 10 个小房子
        for(j=1;j<=a[i];j++)     //出现了几次就打印几次
            cout<<i<<"  ";
    }
    return 0;
}
```

桶排序的应用

具体使用桶排序时可能会遇到下标不能直接满足排序序列的情况，这个时候就需要灵活运用下标来帮我们标记数据。

例题 13.1.1

现在有一个包含 k 个整数的数组（$0<k\leqslant1000$），找到其中个数超过 50%的数。数组中的数大于－50 且小于 50。

输入

第一行包含一个整数 k，表示数组大小。

第二行包含 k 个整数，分别是数组中的每个元素，相邻两个元素之间用单个空格隔开。

输出

如果存在这样的数，输出这个数，否则输出“no”。

样例输入

```
3
1 2 2
```

样例输出

```
2
```

解析:①我们需要一个数组来统计每个数字出现的次数,用一个数组 a[]来统计数据出现的次数。

②但是要注意的是,此题数组中数字是大于−50、小于 50 的,数组的第一个下标为 0,不能够直接表示负数,所以我们的 a[ ]数组第一位 a[0]统计的是−50 出现的次数,因此,我们对每次输入的数据 t 要采取“a[t+50]++”的方式统计。

③对 a[]内的数据进行判断,将符合条件的数据输出。这里需要注意,a[0]存储的是−50 出现的次数,因此输出时要输出 i−50。

④若不存在出现次数超过一半的数,则输出“no”。

参考答案:

```
#include<iostream>
using namespace std;
int main(){
    int k,a[105]={0};
    int t;
    cin>>k;
    for (int i=1;i<=k;i++){
        cin>>t;
        t=t+50;      //防止下标为负数
        a[t]++;      //对相应的数出现次数进行计数
    }
    for (int i=0;i<=100;i++){
        if(a[i]>k/2){
            cout<<i-50;
            return 0;
        }
    }
    cout<<"no";
    return 0;
}
```

例题 13.1.2

计算一个字符串中出现最多的单个字符，字符串中都是小写字母。

输入

输入一行，一个字符串，长度不超过 1000。

输出

输出一行，包括出现次数最多的字符和该字符出现的次数，中间以一个空格分开。如果有多个字符出现的次数相同且最多，那么输出 ASCII 码最小的那一个字符。

样例输入

```
abbccc
```

样例输出

```
c 3
```

解析：①我们需要一个数组来统计每个字母出现的次数，可用一个数组 a[]来统计每一个字母出现的次数，一个字符串数组 s[]来存储输入的字母。

②首先计算字符串数组的长度，然后遍历字符数组，把每一个出现的字母都记录下来，因为要统计的是字母出现的次数，数组下标同样不可以直接表示，此处需要用“a[s[i]]++”方式来统计，用每个字母的 ASCII 码值当作下标。同时需要注意，数组 a 的大小不能直接定义为 26，需要把小写字母的 ASCII 码都包括。

③统计出现次数最多的字母。

④输出出现次数最多的字母和它出现的次数。

参考答案：

```
#include<iostream>
#include<cstring>
using namespace std;
     int main(){
     char s[1001],ans;
     int a[150]={0};
     cin>>s;
     int len=strlen(s),max=-1;
     for (int i=0;i<len;i++){
         a[s[i]]++;
     }
```

```
    for (int i='a';i<='z';i++){
        if(a[i]>max){
            max=a[i];
            ans=i;
        }
    }
    cout <<ans <<"  " <<max;
    return 0;
}
```

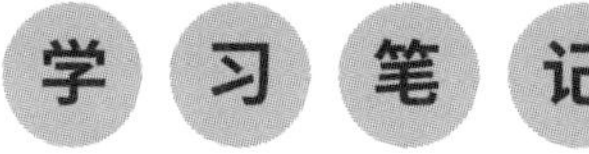

学习内容:桶排序回顾、桶排序的应用

1. **桶排序回顾**

学习了两种桶排序。第一种,去重的桶排序,使用一个 bool 类型的数组来作桶标记,非 0 即 1;第二种,不去重的桶排序,使用一个 int 类型的数组,既作标记也计算该数字出现的次数。

2. **桶排序的应用**

需要灵活地使用数组下标来表示需要排序的序列范围。

动手练习

【练习 13.1.1】

题目描述

小可想知道在数学课本上哪个数字出现的次数最多,于是她随机选取了其中的几页,将其中的数字摘抄出来开始统计。现在请你写一个程序,帮助小可找出出现次数最多的数字。

出现次数最多的数字不一定只有一个。

输入

输入两行,第一行是正整数的个数 n(1≤n≤10000)。

第二行为 n 个正整数(正整数的取值范围为 1～30000)。

输出

输出若干行,每行两个数,第 1 个是出现次数最多的数,第 2 个是这个数出现的次数,两个数中间用空格隔开。

样例输入

```
12
2 4 2 3 2 5 3 7 2 3 4 3
```

样例输出

```
2 4
3 4
```

小可的答案

分析:

①我们需要一个数组,利用桶排序的方式来统计每个数字出现的次数。

②循环输入,每输入一次计数一次,此处用"a[t]=a[t]+1;"的方式来统计。

③遍历整个数组用打擂台的方式比较出现次数最多的数字。

④注意出现次数相同的情况。

⑤输出出现次数最多的数字和它出现的次数。

```
#include<iostream>
using namespace std;
int main (){
    long long n,i,j,m,s,t,max;
    cin>>n;
    max=0;
    long long a[40000]={0};
    for (i=1;i<=n;i++){
        cin>>t;
        a[t]=a[t]+1;
    }
    for (i=1;i<=30000;i++)
        if (a[i]>max)
```

关注"小可学编程"微信公众号,
获取答案解析和更多编程练习。

```
            max=a[i];
    for (i=1;i<=30000;i++)
        if (a[i]==max)
            cout<<i<<"  "<<max<<endl;
    return 0;
}
```

第 2 节 排序进阶——冒泡排序

我们还学习了一种排序——冒泡排序。冒泡排序的思想:以 n 个人站队为例,从第 1 个开始,依次比较相邻的两个人是否逆序(高在前、矮在后),若逆序就交换这两人,即第 1 个和第 2 个比,若逆序,交换两人;接着第 2 个和第 3 个比,若逆序,交换两人。如此,进行 n—1 轮后,队列为有序的队列。我们上一小节刚讲了桶排序的升级方法,那么,冒泡排序又可以如何升级呢?

 冒泡排序回顾

1.冒泡排序方法

依次比较相邻的两个数,将小数放前面,大数放后面。n 个数排序需要进行 n—1 轮比较,从第 1 轮到第 n—1 轮,各轮的比较次数依次为:n—1 次、n—2 次……1 次。

以 9,7,2,5,4,1 这个序列为例,使用冒泡排序的方法从小到大排序,具体排序过程如下:

①首先用一个数组存放数据。

9	7	2	5	4	1
a[0]	a[1]	a[2]	a[3]	a[4]	a[5]

②a[0]和 a[1]比较,大数在后,小数在前,所以数字 9 和 7 要交换位置。

7	9	2	5	4	1
a[0]	a[1]	a[2]	a[3]	a[4]	a[5]

③a[1]和 a[2]比较,大数在后,小数在前,所以数字 9 和 2 要交换位置。

7	2	9	5	4	1
a[0]	a[1]	a[2]	a[3]	a[4]	a[5]

④a[2]和 a[3]比较,大数在后,小数在前,所以数字 9 和 5 要交换位置。

a[0]	a[1]	a[2]	a[3]	a[4]	a[5]
7	2	5	9	4	1

⑤a[3]和 a[4]比较，大数在后，小数在前，所以数字 9 和 4 要交换位置。

a[0]	a[1]	a[2]	a[3]	a[4]	a[5]
7	2	5	4	9	1

⑥a[4]和 a[5]比较，大数在后，小数在前，所以数字 9 和 1 要交换位置。我们发现，经过第一轮比较之后，最大的数字 9 到了数组的最后一个位置，我们这一轮比较了 5 次。

a[0]	a[1]	a[2]	a[3]	a[4]	a[5]
7	2	5	4	1	9

⑦新的一轮开始，从 a[0]开始，a[0]和 a[1]比较，大数在后，小数在前，所以数字 7 和 2 要交换位置。

a[0]	a[1]	a[2]	a[3]	a[4]	a[5]
2	7	5	4	1	9

⑧a[1]和 a[2]比较，大数在后，小数在前，所以数字 7 和 5 要交换位置。

a[0]	a[1]	a[2]	a[3]	a[4]	a[5]
2	5	7	4	1	9

⑨a[2]和 a[3]比较，大数在后，小数在前，所以数字 7 和 4 要交换位置。

a[0]	a[1]	a[2]	a[3]	a[4]	a[5]
2	5	4	7	1	9

⑩a[3]和 a[4]比较，大数在后，小数在前，所以数字 7 和 1 要交换位置。到此，我们结束了第二轮的比较，发现数字 7 来到数组的倒数第二个位置，它不需要跟数字 9 进行比较了。第二轮，我们比较了 4 次。

a[0]	a[1]	a[2]	a[3]	a[4]	a[5]
2	5	4	1	7	9

⑪第三轮比较开始，依然从 a[0]开始，a[0]和 a[1]比较，大数在后，小数在前，所以数字 2 和 5 不需要交换位置。

a[0]	a[1]	a[2]	a[3]	a[4]	a[5]
2	5	4	1	7	9

⑫a[1]和 a[2]比较，大数在后，小数在前，所以数字 5 和 4 要交换位置。

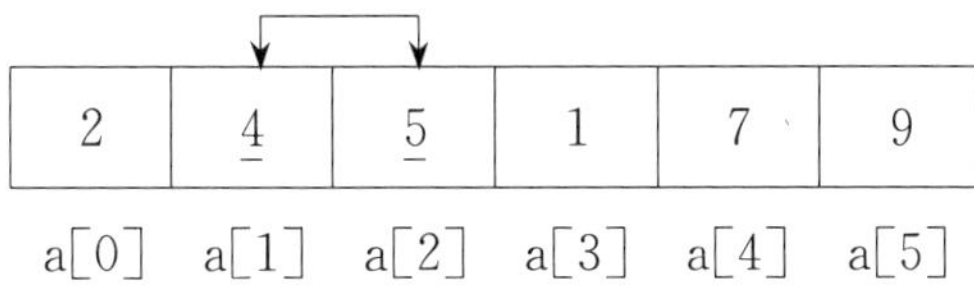

⑬a[2]和 a[3]比较，大数在后，小数在前，所以数字 5 和 1 要交换位置。到此，我们结束了第三轮的比较。在这一轮中，我们比较了 3 次。

a[0]	a[1]	a[2]	a[3]	a[4]	a[5]
2	4	1	5	7	9

⑭第四轮比较开始，依然从 a[0]开始，a[0]和 a[1]比较，大数在后，小数在前，所以数字 2 和 4 不需要交换位置。

a[0]	a[1]	a[2]	a[3]	a[4]	a[5]
2	4	1	5	7	9

⑮a[1]和 a[2]比较，大数在后，小数在前，所以数字 4 和 1 要交换位置。到此，我们结束了第四轮的比较。在这一轮中，我们比较了 2 次。

a[0]	a[1]	a[2]	a[3]	a[4]	a[5]
2	1	4	5	7	9

⑯第五轮比较开始，依然从 a[0]开始，a[0]和 a[1]比较，大数在后，小数在前，所以数字 2 和 1 要交换位置。到此，我们结束了第五轮的比较。在这一轮中，我们比较了 1 次。整个数列排序完毕。

a[0]	a[1]	a[2]	a[3]	a[4]	a[5]
1	2	4	5	7	9

根据上述过程可以看出，进行一轮的比较后，n 个数的排序规模就转化为 n－1 个数的排序过程。

归纳之后，具体实现步骤如下：

①读入数据存放在数组中。

②比较相邻的前后两个数据。如果前边数据大于后边数据，就将两个数据交换。

③对数组的第 0 个数据到第 n－1 个数据进行一次遍历后，最大的一个数据就“冒”到数组第 n－1 个位置。

④n＝n－1，如果 n 不为 0 就重复前面两步，否则排序完成。

2. 程序实现方法

用两层循环完成算法，外层循环 i 控制每轮要进行多次的比较，第一轮比较 n－1 次，第二轮比较 n－2 次……最后一轮比较 1 次。内层循环 j 控制每轮 i 次比较相邻两个元素是否逆序，若逆序就交换这两个元素。

3. 示例代码

```
#include <iostream>
using namespace std;
int main( ){
    int a[6],i,j,t;
    for (i=0;i<6;i++)
        cin>>a[i];
    for (i=0;i<5;i++)
        for (j=0;j<5-i;j++)
            if(a[j]>a[j+1]){
                t=a[j];
                a[j]=a[j+1];
                a[j+1]=t;
            }
    for(i=0;i<6;i++)
        cout<<a[i]<<" ";
    return 0;
}
```

 冒泡排序的改进

①如果排序过程中已经得到了有序的结果，那么没有必要再判断后面是否需要交换了，因此可以对冒泡排序进行改进，利用 flag 来判断是否发生置换，若没有发生置换则说明数组内的元素已经按顺序排列，可以终止循环不再继续进行判断。

②示例代码

方法一：

```
#include<iostream>
using namespace std;
int main(){
    int a[100],n,i,j,t,flag;
    cin>>n;
    for(i=0;i<n;i++)
        cin>>a[i];
    for(i=0;i<n-1;i++){
        flag=0;
        for(j=0;j<n-i-1;j++){
            if(a[j]>a[j+1]){
                t=a[j];
                a[j]=a[j+1];
                a[j+1]=t;
                flag=1;
            }
        }
        if(flag==0)
            break;
    }
    for(i=0;i<n;i++)
        cout<<a[i]<<" ";
    return 0;
}
```

方法二（函数实现）：

```
#include <iostream>
using namespace std;
void bubble_sort(int a[],int n);
int main(){
    int a[100],n,i;
    cin>>n;
    for(i=0;i<n;i++)
        cin>>a[i];
    bubble_sort(a,n);
    for(i=0;i<n;i++)
        cout<<a[i]<<' ';
    return 0;
}
void bubble_sort(int a[],int n){
    int i,j,t,flag;
    for (i=0;i<n-1;i++){
        flag=0;
        for (j=0; j<n-i-1; j++){
            if(a[j]>a[j+1] ){
                t=a[j];
                a[j]=a[j+1];
                a[j+1]=t;
                flag=1;
            }
        }
        if(flag==0)
            break;
    }
}
```

例题 13.2.1

根据改进冒泡排序来填充空白部分。

```
#include <iostream>
using namespace std;
int main(){
    int a[100],n,i,j,t,flag;
    cin>>n;
    for (i=0;i<n;i++)
        cin>>a[i];
    for (i=0;i<n-1;i++){
        flag=0;
        for (j=0;j<n-i-1;j++){
            if(a[j]>a[j+1]){
                t=a[j];
                a[j]=a[j+1];
                a[j+1]=t;
                ______;
            }
        }
        if(flag==0)
            ______;
    }
    for (i=0;i<n;i++)
        cout<<a[i]<<" ";
    return 0;
}
```

参考答案：

①flag=1

②break

学习笔记

学习内容：冒泡排序具体实现步骤、程序实现方法、冒泡排序的改进

1. 冒泡排序具体实现步骤

①读入数据存放在数组中。

②比较相邻的前后两个数据。如果前边数据大于后边数据，就将两个数据交换。

③对数组的第 0 个数据到第 n－1 个数据进行一次遍历后，最大的一个数据就"冒"到数组第 n－1 个位置。

④n＝n－1，如果 n 不为 0 就重复前面两步，否则排序完成。

2. 程序实现方法

用两层循环完成算法，外层循环 i 控制每轮要进行多次的比较，第一轮比较 n－1 次，第二轮比较 n－2 次……最后一轮比较 1 次。内层循环 j 控制每轮 i 次比较相邻两个元素是否逆序，若逆序就交换这两个元素。

示例代码如下：

```
#include<iostream>
using namespace std;
int main( ){
    int a[6],i,j,t;
    for (i=0;i<6;i++)
        cin>>a[i];
    for (i=0;i<5;i++)
        for(j=0;j<5-i;j++)
        if(a[j]>a[j+1]){
            t=a[j];
            a[j]=a[j+1];
            a[j+1]=t;
        }
    for (i=0;i<6;i++)
        cout<<a[i]<<" ";
    return 0;
}
```

3. **冒泡排序的改进**

利用 flag 来判断是否发生置换，若没有发生置换则说明数组内的元素已经按顺序排列，可以终止循环不再继续进行判断。

示例代码如下：

```
#include<iostream>
using namespace std;
int main(){
    int a[100],n,i,j,t,flag;
    cin>>n;
    for (i=0;i<n;i++)
        cin>>a[i];
    for (i=0;i<n-1;i++){
        flag=0;
        for (j=0;j<n-i-1;j++){
            if(a[j]>a[j+1]){
                t=a[j];
                a[j]=a[j+1];
                a[j+1]=t;
                flag=1;
            }
        }
        if (flag==0)
          break;
    }
    for (i=0;i<n;i++)
        cout<<a[i]<<" ";
    return 0;
}
```

动手练习

【练习 13.2.1】

题目描述

在一艘摆渡船上，当所有的车辆停放好之后需要把每一排汽车按照其重量从小到大进行重新排序，船上的调换设备只能每次交换相邻两辆汽车，请计算需要调换多少次。

输入

有两行数据，第一行是有 n 辆汽车(不大于 10000)，第二行是 n 个不同的数表示汽车的重量。

输出

一个数据，是最少的交换次数。

样例输入

```
4
4 3 2 1
```

样例输出

```
6
```

小可的答案

分析：

根据题目要求，船上的调换设备只能每次交换相邻两辆汽车，符合条件的排序方法只有冒泡排序，故要用冒泡排序将所有车辆从小到大排序，并计数车辆交换次数。题目的关键是如何计数车辆交换次数。其实只需要在排序部分加一步，即交换时计数。所谓“最小交换次数”，即排序完成之后的交换次数。

方法一：

```
#include<iostream>
using namespace std;
int main(){
    int a[10010],n,i,j,t,flag,sum=0;
    cin>>n;
    for(i=0;i<n;i++)
        cin>>a[i];
    for(i=0;i<n-1;i++){
```

```
        flag=0;
        for(j=0;j<n-1-i;j++){
            if(a[j]>a[j+1]){
                t=a[j];
                a[j]=a[j+1];
                a[j+1]=t;
                flag=1;
                sum++;
            }
        }
        if(flag==0)
            break;
    }
    cout<<sum<<endl;
    return 0;
}
```

方法二(函数实现):

```
#include<iostream>
using namespace std;
int bubble_sort(int a[],int n);
int main(){
    int a[10010],n,i,sum;
    cin>>n;
    for(i=0;i<n;i++)
        cin>>a[i];
    sum=bubble_sort(a,n);
    cout<<sum<<endl;
    return 0;
}
int bubble_sort(int a[],int n){
    int i,j,t,flag,s=0;
    for(i=0;i<n-1;i++){
```

```
        flag=0;
        for(j=0; j<n-i-1; j++){
            if(a[j]>a[j+1]){
                t=a[j];
                a[j]=a[j+1];
                a[j+1]=t;
                flag=1;
                s++;
            }
        }
        if(flag==0)
            break;
    }
    return s;
}
```

关注“小可学编程”微信公众号，获取答案解析和更多编程练习。

第 3 节　排序进阶——选择排序

这一节我们继续升级学习过的排序。现在轮到了选择排序。我们学习选择排序的时候是与打擂台类比，n 个人有 n－1 个守擂人，守擂人不同，上去挑战的人也不同。我们首先来回忆一下原始的选择排序如何实现，再来看如何对选择排序进行升级。

 选择排序回顾

1. 选择排序方法

第一轮比较时，用 a[0]依次与 a[1]～a[5]进行比较，如果 a[0]较大则进行交换，否则不变。第一轮结束后，a[0]中为最小数，以后各轮的比较过程与第一轮类似。

以 9，7，2，5，4，1 这个序列为例，使用原始选择排序的方法从小到大排序，具体排序过程如下：

①首先用一个数组存放数据。

9	7	2	5	4	1
a[0]	a[1]	a[2]	a[3]	a[4]	a[5]

②首先 a[0]作为守擂人，a[0]和 a[1]进行比较，大数在后，小数在前，所以数字 9 和 7 要交换位置。

7	9	2	5	4	1
a[0]	a[1]	a[2]	a[3]	a[4]	a[5]

③守擂人依然为 a[0]，a[0]和 a[2]进行比较，大数在后，小数在前，所以数字 7 和 2 要交换位置。

2	9	7	5	4	1
a[0]	a[1]	a[2]	a[3]	a[4]	a[5]

④守擂人依然为 a[0]，a[0]和 a[3]进行比较，大数在后，小数在前，所以数字 2 和 5 不需要交换位置。

2	9	7	5	4	1
a[0]	a[1]	a[2]	a[3]	a[4]	a[5]

⑤守擂人依然为 a[0]，a[0]和 a[4]进行比较，大数在后，小数在前，所以数字 2 和 4 不需要交换位置。

2	9	7	5	4	1
a[0]	a[1]	a[2]	a[3]	a[4]	a[5]

⑥守擂人依然为 a[0]，a[0]和 a[5]进行比较，大数在后，小数在前，所以数字 2 和 1 要交换位置。到此，我们第一轮比较完毕，把最小的数字 1 放在了 a[0]的位置上。a[0]作为守擂人，比较了 5 次。

1	9	7	5	4	2
a[0]	a[1]	a[2]	a[3]	a[4]	a[5]

⑦开始第二轮比较，守擂人换成 a[1]，a[1]和 a[2]进行比较，大数在后，小数在前，所以数字 9 和 7 要交换位置。

1	7	9	5	4	2
a[0]	a[1]	a[2]	a[3]	a[4]	a[5]

⑧守擂人为 a[1]，a[1]和 a[3]进行比较，大数在后，小数在前，所以数字 7 和 5 要交换位置。

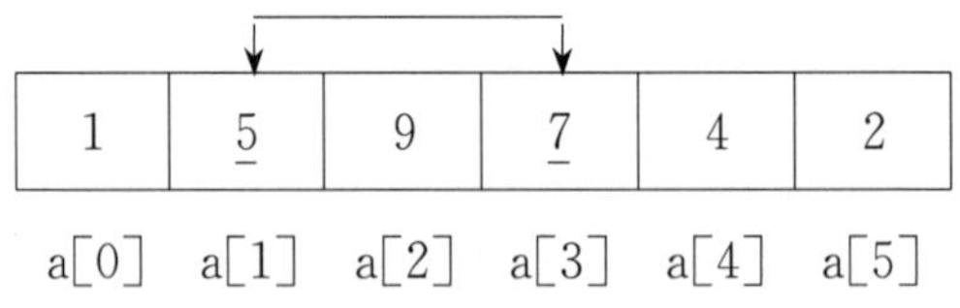

1	5	9	7	4	2
a[0]	a[1]	a[2]	a[3]	a[4]	a[5]

⑨守擂人为 a[1]，a[1]和 a[4]进行比较，大数在后，小数在前，所以数字 5 和 4 要交换位置。

1	4	9	7	5	2
a[0]	a[1]	a[2]	a[3]	a[4]	a[5]

⑩守擂人为 a[1]，a[1]和 a[5]进行比较，大数在后，小数在前，所以数字 4 和 2 要交换位置。到此，我们第二轮比较结束。a[1]作为守擂人，比较了 4 次。

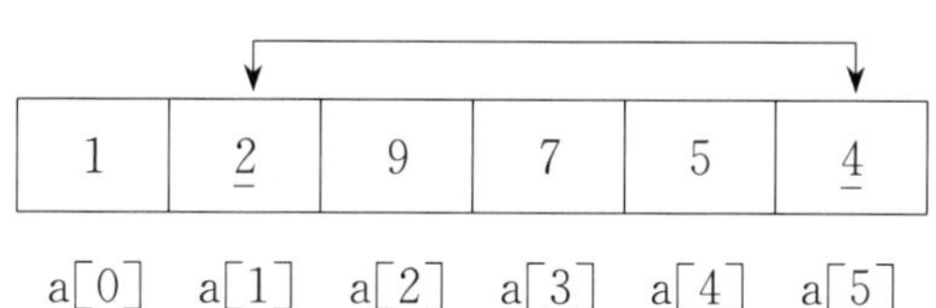

⑪开始第三轮比较，守擂人换成 a[2]，a[2]和 a[3]比较，大数在后，小数在前，所以数字 9 和 7 要交换位置。

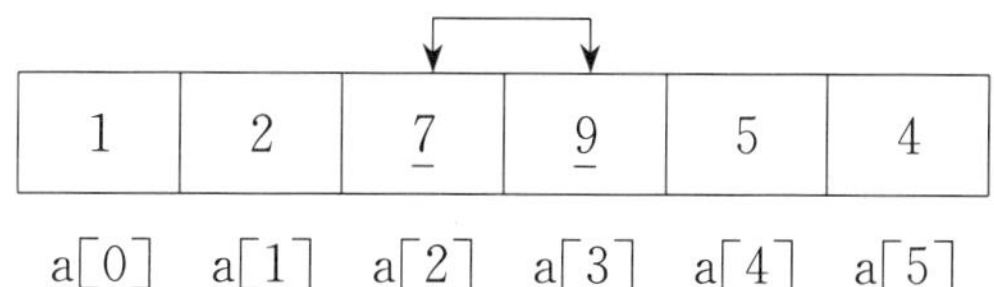

⑫守擂人为 a[2]，a[2]和 a[4]比较，大数在后，小数在前，所以数字 7 和 5 要交换位置。

1	2	5	9	7	4
a[0]	a[1]	a[2]	a[3]	a[4]	a[5]

⑬守擂人为 a[2]，a[2]和 a[5]比较，大数在后，小数在前，所以数字 5 和 4 要交换位置。到此，我们第三轮比较结束。a[2]作为守擂人，比较了 3 次。

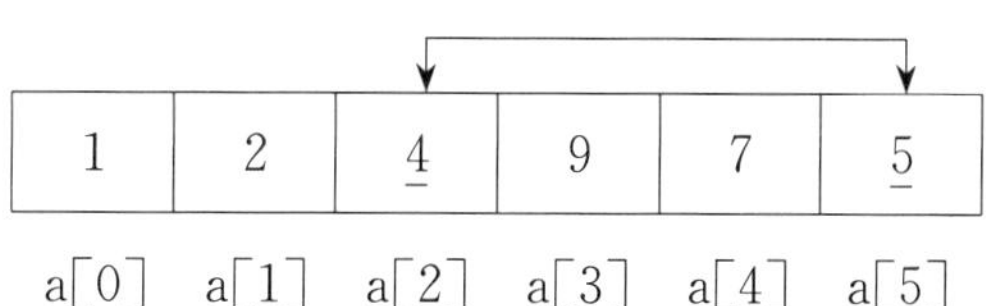

⑭开始第四轮比较，a[3]作为守擂人，a[3]和 a[4]比较，大数在后，小数在前，所以数字 9 和 7 要交换位置。

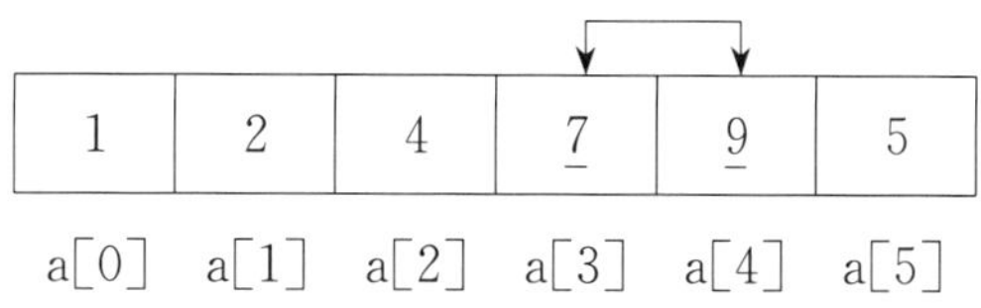

⑮守擂人为 a[3]，a[3]和 a[5]比较，大数在后，小数在前，所以数字 7 和 5 要交换位置。到此，我们第四轮比较结束。a[3]作为守擂人，比较了 2 次。

1	2	4	5	9	7
a[0]	a[1]	a[2]	a[3]	a[4]	a[5]

⑯开始第五轮比较，a[4]作为守擂人，a[4]和 a[5]比较，大数在后，小数在前，所以数字 9 和 7 要交换位置。到此，我们第五轮比较结束。a[4]作为守擂人，比较了 1 次。整个序列也排序完毕。

1	2	4	5	7	9
a[0]	a[1]	a[2]	a[3]	a[4]	a[5]

2. 程序实现方法

用两层循环完成算法，外层循环 i 控制 n－1 个守擂人，表示有 n－1 轮比试。内层循环控制不同的挑战者，守擂人不同，挑战者也不同。

3. 示例代码

```
#include<iostream>
using namespace std;
int main(){
    int n;
    cin>>n;
    int a[110];
    for (int i=0;i <n;i++){
        cin>>a[i];
    }
    for (int i=0;i <n-1;i++){
        for (int j=i+1;j<n;j++){
            if(a[i] >a[j]){
                int t=a[i];
                a[i]=a[j];
                a[j]=t;
            }
        }
    }
    for (int i=0;i <n;i++){
        cout<<a[i]<<" ";
    }
    return 0;
}
```

 改进版选择排序

1. 排序方法

先从 N 个数中找出最小的数，把它与第一个位置的数交换；再从 N－1 个数中找出最小的数，把它与第二个位置的数交换；这样重复做下去，直到最后两个数进行比较为止。

以 9,7,2,5,4,1 这个序列为例，使用改进版选择排序的方法从小到大排序，具体排序过程如下：

①首先用一个数组存放数据。

9	7	2	5	4	1
a[0]	a[1]	a[2]	a[3]	a[4]	a[5]

②第一轮比较开始，k 的初始值为 0。a[0]和 a[1]开始进行比较。k 里始终保持存放当前最小数字的位置。数字 7 比 9 小，因为改变 k 里面的值为 1。

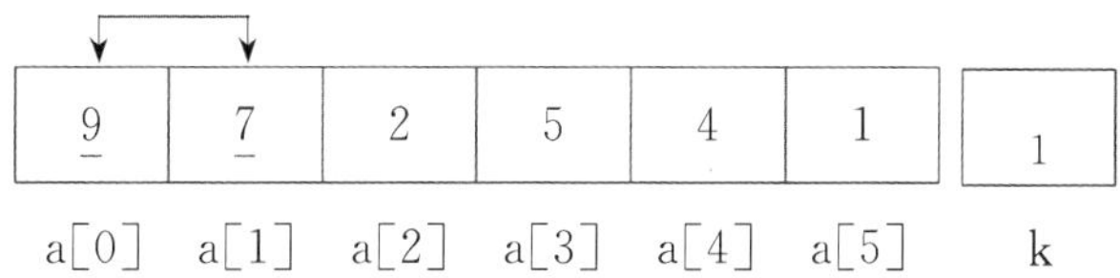

③当前最小的数字是 7，位置是 a[1]，a[1]和 a[2]进行比较，数字 2 比 7 小，因此改变 k 里面的值为 2。

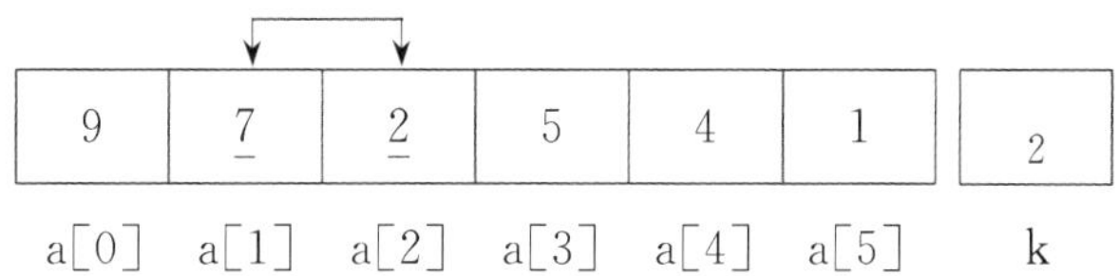

④当前最小的数字是 2，位置是 a[2]，a[2]和 a[3]进行比较，数字 2 比 5 小，因此 k 里面的值不需要改变。

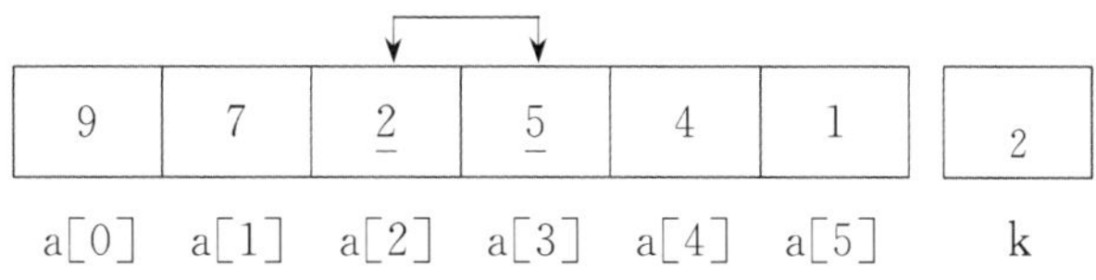

⑤当前最小的数字是 2，位置是 a[2]，a[2]和 a[4]进行比较，数字 2 比 4 小，因此 k 里面的值不需要改变。

9	7	2	5	4	1		2
a[0]	a[1]	a[2]	a[3]	a[4]	a[5]		k

⑥当前最小的数字是 2,位置是 a[2],a[2]和 a[5]进行比较,数字 1 比 2 小,因此 k 里面的值需要改变成 5。

9	7	2	5	4	1	5
a[0]	a[1]	a[2]	a[3]	a[4]	a[5]	k

⑦到此,我们找到了最小数字的位置,将 a[0]里面的数字和 a[k]进行交换(当前 k 里面存储的值为 5,即 a[0]和 a[5]进行交换),第一轮比较结束。

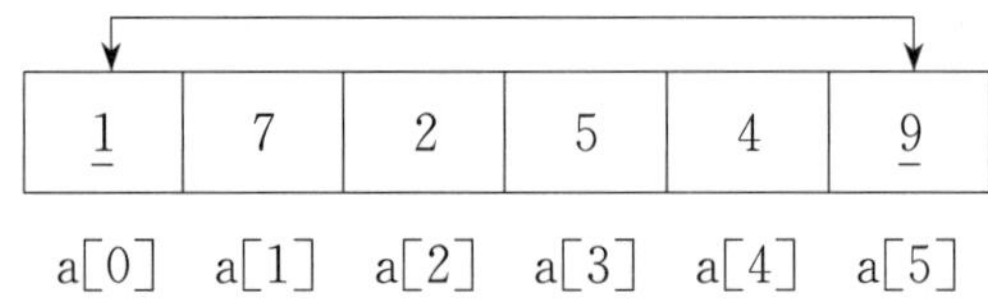

⑧开始第二轮比较,k 的初值为 1,a[1]和 a[2]进行比较,数字 2 比 7 小,因此 k 里面的值需要改变成 2。

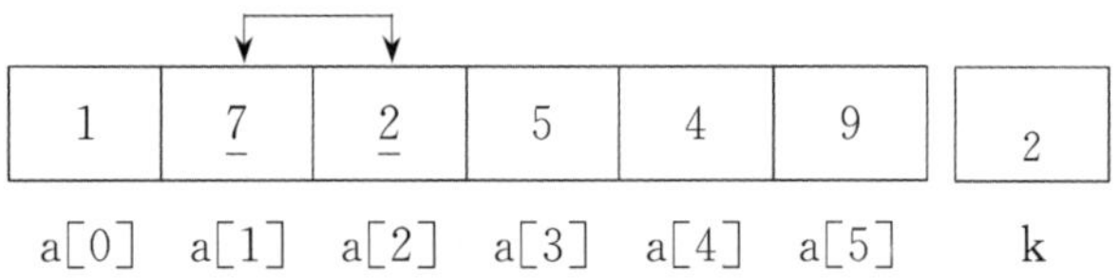

⑨当前最小的数字是 2,位置是 a[2],a[2]和 a[3]进行比较,数字 2 比 5 小,因此 k 里面的值不需要改变。

1	7	2	5	4	9	2
a[0]	a[1]	a[2]	a[3]	a[4]	a[5]	k

⑩当前最小的数字是 2,位置是 a[2],a[2]和 a[4]进行比较,数字 2 比 4 小,因此 k 里面的值不需要改变。

1	7	2	5	4	9	2
a[0]	a[1]	a[2]	a[3]	a[4]	a[5]	k

⑪当前最小的数字是 2,位置是 a[2],a[2]和 a[5]进行比较,数字 2 比 9 小,因此 k 里面的值不需要改变。

1	7	2	5	4	9	2
a[0]	a[1]	a[2]	a[3]	a[4]	a[5]	k

⑫到此，我们找到了当前最小数字的位置，将 a[1]里面的数字和 a[k]进行交换(当前 k 里面存储的值为 2，即 a[1]和 a[2]进行交换)，第二轮比较结束。

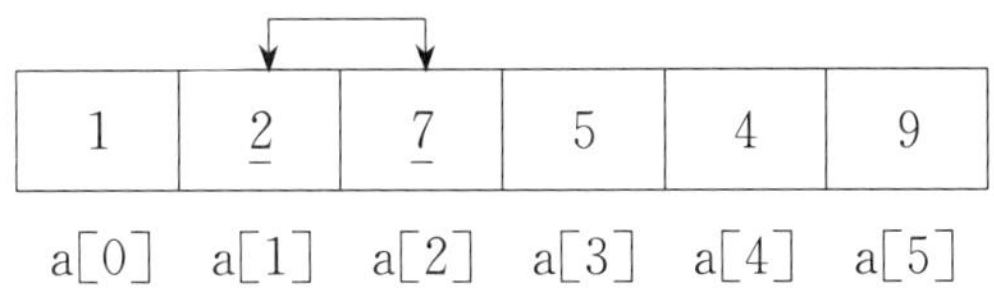

⑬开始第三轮比较，k 的初值为 2，a[2]和 a[3]进行比较，数字 5 比 7 小，因此 k 里面的值需要改变成 3。

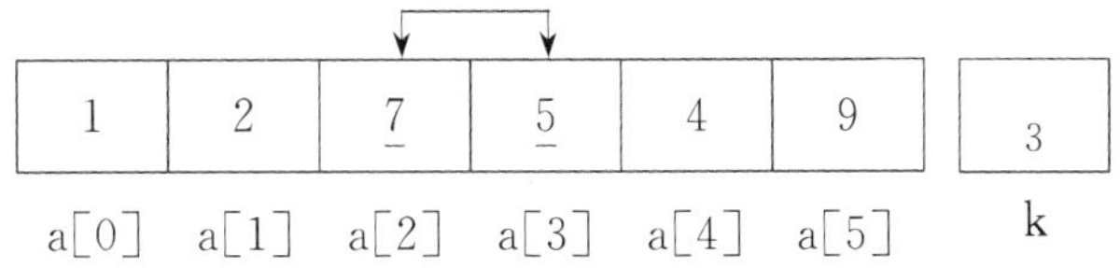

⑭当前最小的数字是 5，位置是 a[3]，a[3]和 a[4]进行比较，数字 4 比 5 小，因此 k 里面的值改变成 4。

a[0]	a[1]	a[2]	a[3]	a[4]	a[5]	k
1	2	7	5	4	9	4

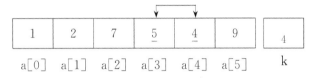

⑮当前最小的数字是 4，位置是 a[4]，a[4]和 a[5]进行比较，数字 4 比 9 小，因此 k 里面的值不需要改变。

a[0]	a[1]	a[2]	a[3]	a[4]	a[5]	k
1	2	7	5	4	9	4

⑯到此，我们找到了当前最小数字的位置，将 a[2]里面的数字和 a[k]进行交换(当前 k 里面存储的值为 4，即 a[2]和 a[4]进行交换)，第三轮比较结束。

a[0]	a[1]	a[2]	a[3]	a[4]	a[5]
1	2	4	5	7	9

⑰开始第四轮比较，k 的初值为 3，a[3]和 a[4]进行比较，数字 5 比 7 小，因此 k 里面的值不需要改变。

a[0]	a[1]	a[2]	a[3]	a[4]	a[5]	k
1	2	4	5	7	9	3

⑱当前最小的数字是 5，位置是 a[3]，a[3]和 a[5]进行比较，数字 5 比 9 小，因此 k 里

面的值不需要改变。

1	2	4	5	7	9	3
a[0]	a[1]	a[2]	a[3]	a[4]	a[5]	k

⑲到此，我们找到了目前最小数字的位置，恰巧 k=3，不需要交换位置，第四轮比较结束。

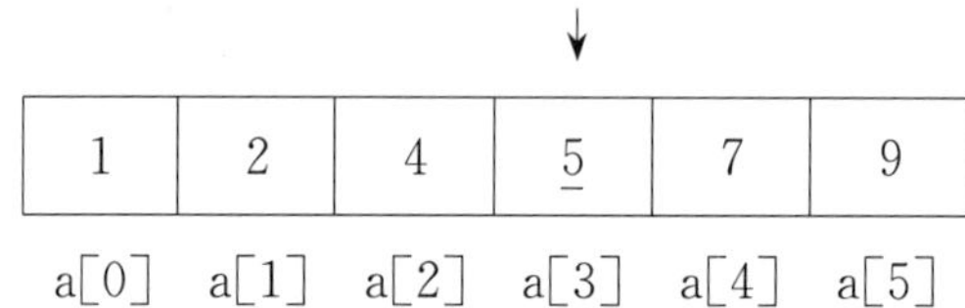

⑳开始第五轮比较，k 的初值为 4，a[4]和 a[5]进行比较，数字 7 比 9 小，因此 k 里面的值不需要改变。

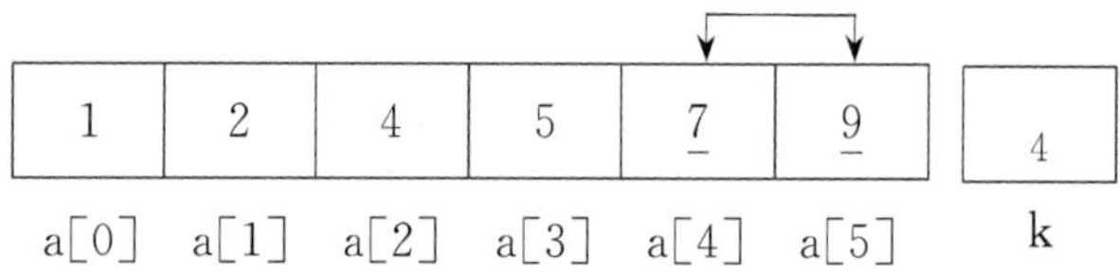

到此，我们找到了当前最小数字的位置，恰巧 k=4，不需要进行位置交换，第五轮比较结束，我们的序列也排序完毕。

1	2	4	5	7	9
a[0]	a[1]	a[2]	a[3]	a[4]	a[5]

最终，我们通过改进版选择排序将整个一组数据按照从小到大的顺序完成排序。

1	2	4	5	7	9
a[0]	a[1]	a[2]	a[3]	a[4]	a[5]

2. 示例代码

方法一：

```
#include <iostream>
using namespace std;
int main( ){
    int a[100],n,i,j,k,t;
    cin>>n;
    for (i=0;i<n;i++)
        cin>>a[i];
```

```
    for (i=0;i<n-1;i++){
        k=i;
        for (j=i+1;j<n;j++)
            if(a[j]<a[k])
                k=j;
        if(k!=i){
            t=a[i];
            a[i]=a[k];
            a[k]=t;
        }
    }
    for (i=0;i<n;i++)
        cout<<a[i]<<" ";
    return 0;
}
```

方法二(函数实现):

```
#include<iostream>
using namespace std;
void s_sort(int a[],int n);
int main(){
    int a[100],n,i;
    cin>>n;
    for (i=0;i<n;i++)
        cin>>a[i];
    s_sort(a,n);
    for (i=0;i<n;i++)
        cout<<a[i]<<' ';
    return 0;
}
void s_sort(int a[],int n){
    int i,j,k,t;
    for (i=0;i<n-1;i++){
```

```
        k=i;
        for (j=i+1;j<n;j++){
            if(a[j]<a[k])
                k=j;
        }
        if(k!=i){
            t=a[i];
            a[i]=a[k];
            a[k]=t;
        }
    }
}
```

例题 13.3.1

根据改进选择排序来填充空白部分。

```
int a[100],n,i,j,k,t;
cin>>n;
for (i=0;i<n;i++)
    cin>>a[i];
    for (i=0;i<n-1;i++){
        ______;
        for (j=i+1;j<n;j++)
            if(________)
                k=j;
        if(________){
            t=a[i];
            a[i]=a[k];
            a[k]=t;
        }
    }
    for (i=0;i<n;i++)
        cout<<a[i]<<" ";
```

参考答案：

①k=i;

②a[j]<a[k]或 a[j]>a[k]

③k!=i

学习内容：选择排序方法、选择排序的改进

1. 选择排序方法

第一轮比较时，用 a[0]依次与 a[1]～a[5]进行比较，如果 a[0]较大则进行交换，否则不变。第一轮结束后，a[0]中为最小数，以后各轮比较过程与第一轮类似。

示例代码如下：

```
#include<iostream>
using namespace std;
int main(){
    int n;
    cin>>n;
    int a[110];
    for (int i=0;i<n;i++){
        cin>>a[i];
    }
    for (int i=0;i <n-1;i++){
        for (int j=i+1;j<n;j++){
            if(a[i]<a[j]){
                int t=a[i];
                a[i]=a[j];
                a[j]=t;
            }
        }
    }
    for (int i=0;i <n;i++){
        cout<<a[i]<<" ";
    }
    return 0;
}
```

2. 选择排序的改进

先从 N 个数中找出最小的数，把它与第一个位置的数交换；再从 N−1 个数中找出最小的数，把它与第二个位置的数交换；这样重复做下去，直到最后两个数进行比较为止。

示例代码如下：

```
#include <iostream>
using namespace std;
int main(){
    int a[100],n,i,j,k,t;
    cin>>n;
    for (i=0;i<n;i++)
        cin>>a[i];
    for (i=0;i<n-1;i++){
        k=i;
        for (j=i+1;j<n;j++)
            if(a[j]<a[k])
                k=j;
        if(k!=i){
            t=a[i];
            a[i]=a[k];
            a[k]=t;
        }
    }
    for (i=0;i<n;i++)
        cout<<a[i]<<" ";
    return 0;
}
```

动手练习

【练习 13.3.1】

题目描述

小红和朋友们去爬泰山，被美丽的景色所陶醉，想合影留念。如果他们站成一排，男生全部在左(从拍照者的角度)，并按照从矮到高的顺序从左到右排，女生全部在右，并按照从高到矮的顺序从左到右排，请问他们合影的效果是什么样的(所有人的身高都不同)？

输入

输入 n+1 行。第一行是人数 n($2 \leqslant n \leqslant 40$，且至少有 1 个男生和 1 个女生)。后面紧跟 n 行，每行输入一个人的性别(男，male，女，female)和身高(浮点数，单位米)，两个数据之间以空格分隔。

输出

输出一行，n 个浮点数，模拟站好队后，拍照者眼中从左到右每个人的身高。每个浮点数需保留到小数点后两位，相邻两个数之间用单个空格隔开。

样例输入

```
6
male 1.72
male 1.78
female 1.61
male 1.65
female 1.70
female 1.56
```

样例输出

```
1.65 1.72 1.78 1.70 1.61 1.56
```

小可的答案

分析：

题目要求男生、女生分开排队，可以定义两个数组，分别存放男生信息和女生信息，使用排序函数对两个数组分别排序，之后再按题目要求进行输出。

①输入时判断男女并分别存放到两个数组里。

②男生数组、女生数组分别调用排序函数，排好序后再输出，先从小到大输出男生数组，再从大到小输出女生数组。

```
#include<iostream>
#include<iomanip>
using namespace std;
void sort(double a[],int n);
int main(){
    int n;
    cin>>n;
    char s[10];
    double h,a[45],b[45];
    int na=0,nb=0;
    for(int i=0;i<n;i++){
        cin>>s>>h;
        if(s[0]=='m'){
            a[na]=h;
            na++;
        }
        else{
            b[nb]=h;
            nb++;
        }
    }
    sort(a,na);
    sort(b,nb);
    for(int i=0;i<na;i++){
        cout<<fixed<<setprecision(2)<<a[i]<<" ";
    }
    for(int i=n,b-1;i>=0;i--){
        cout<<fixed<<setprecision(2)<<b[i]<<" ";
    }
    return 0;
}
void sort(double a[],int n){
    for(int i=0;i<n-1;i++){
        int k=i;
```

```
            for(int j=i+1;j<n;j++){
                if(a[k]>a[j]){
                    k=j;
                }
            }
            if(k!=i){
                double t=a[i];
                a[i]=a[k];
                a[k]=t;
            }
        }
    }
```

关注“小可学编程”微信公众号，获取答案解析和更多编程练习。

【练习 13.3.2】

题目描述

考试结束后，同学们的成绩都不一样，知道了学生的考号以及分数，找出谁是第 N 名。

输入

第一行有两个整数，分别是学生的人数 m(1≤m≤100)和求的第 n(1≤n≤m)名学生。其后有 m 行数据，每行包括一个考号(整数)和一个成绩(浮点数)，中间用一个空格分隔。

输出

输出第 n 名学生的考号和成绩，中间用空格分隔。

样例输入

```
5 3
90788001 67.8
90788002 90.3
90788003 61
90788004 68.4
90788005 73.9
```

样例输出

```
90788004 68.4
```

小可的答案

分析：

①输入两个整数，一个为学生的人数 m，一个为第 n 名。

②将学生的成绩从大到小排序(可以利用函数实现)，注意成绩和考号要一起交换。

③输出第 n 名学生的考号和成绩，中间使用空格隔开。

```
#include <iostream>
using namespace std;
int main(){
    long long a[110]={0},ta;      //a 存放考号
    double  b[110]={0},tb;      //b 存放成绩
    int m,n,i,j;
    cin>>m>>n;
    for(i=1;i<=m;i++){
        cin>>a[i]>>b[i];
    }
    for(i=1;i<m;i++){
        for(j=i+1;j<=m;j++){
            if(b[i]<b[j]){      //比较成绩
                ta=a[i];
                a[i]=a[j];
                a[j]=ta;      //交换考号
                tb=b[i];
                b[i]=b[j];
                b[j]=tb;      //交换成绩
            }
        }
    }
    cout<<a[n]<<" "<<b[n];
    return  0;
}
```

关注“小可学编程”微信公众号，获取答案解析和更多编程练习。

第 4 节 排序进阶——直接插入排序

我们前几小节回顾了桶排序、冒泡排序和选择排序，还学习了各种排序的升级版。相信同学们对各种排序已经可以熟练运用了，这一小节我们要学习一个新排序——直接插入排序。这种排序有什么特点，又是如何使用的呢？跟着老师一起往下看吧！

直接插入排序

1. 排序方法

①从 a[1]开始判断，若 a[1]<a[0]，则交换 a[0]，a[1]的值，然后将 a[0]，a[1]视为一个已经排好序的序列。

②将之后的元素 a[i]与排好序的序列的最后一个元素 a[i−1]进行比较，若 a[i]>a[i−1]，则将 a[0]～a[i]视为一个排好序的序列，否则将 a[i]与 a[i−1]～a[0]进行比较。

③若 a[i]<a[i−1]，则交换两元素数值。

④然后再用 a[i−1]与 a[i−2]进行比较，重复③操作，直至存储 a[i]数值的元素的左侧元素数值小于等于初始 a[i]的数值或者当前元素左侧不存在其他元素，则将 a[0]～a[i]视为一个排好序的序列。

⑤重复②～④操作，直至 a[0]～a[n]成为一个排好序的序列。

2. 排序过程

以 21，25，49，25，16，8 这个序列为例，按照直接插入排序的从小到大排序过程如下：

①首先用一个数组存放待排序的序列。

21	25	49	25	16	8
a[0]	a[1]	a[2]	a[3]	a[4]	a[5]

②初始状态，a[0]作为一个有序序列，从 a[1]开始进行比较。发现数字 25 比 21 大，直接把 25 排到最后就可以。此时，有序序列最后一个数字为 25。

21	25	49	25	16	8
a[0]	a[1]	a[2]	a[3]	a[4]	a[5]

③a[2]里面的数字 49 和有序序列最后一个数字 25 比较，大数在后，小数在前，所以直接把 49 插入到有序序列的最后。此时，有序序列最后一个数字为 49。

21	25	49	25	16	8
a[0]	a[1]	a[2]	a[3]	a[4]	a[5]

④a[3]里面的数字 25 和有序序列最后一个数字 49 比较，大数在后，小数在前，25 比 49 小，将 25 暂时插入到 49 前面，继续去和有序序列进行比较，a[1]里面的数字也为 25，因此停止比较，第二个 25 插入到 49 前面即可。此时，有序序列最后一个数字为 49。

21	25	49	25	16	8
a[0]	a[1]	a[2]	a[3]	a[4]	a[5]

21	25	25	49	16	8
a[0]	a[1]	a[2]	a[3]	a[4]	a[5]

⑤a[4]里面的数字 16 和有序序列最后一个数字比较，大数在后，小数在前，16 比 49 小，将 16 暂时插入到 49 前面，继续去和有序序列进行比较，一直比较到 a[0]，发现 16 比 21 还小，因此要把 16 插入到有序序列的第一个位置。此时，有序序列最后一个数字为 49。

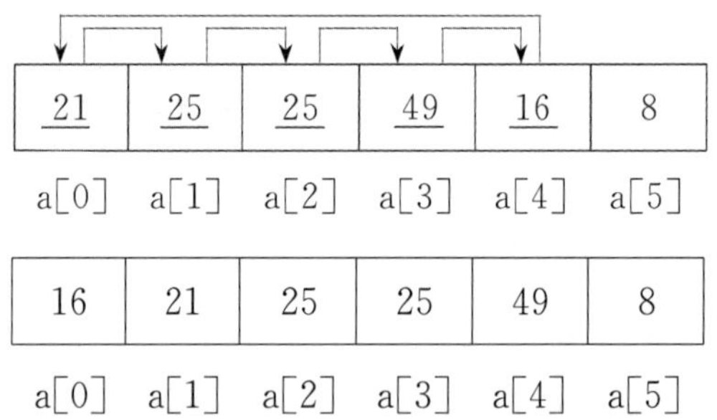

⑥a[5]里面的数字 8 和有序序列最后一个数字比较，大数在后，小数在前，8 比 49 小，将 8 暂时插入到 49 前面，继续去和有序序列进行比较，一直比较到 a[0]，发现 8 比 16 还小，因此要把 8 插入到有序序列的第一个位置。到此，我们的序列成为一个有序的序列。

16	21	25	25	49	8
a[0]	a[1]	a[2]	a[3]	a[4]	a[5]

8	16	21	25	25	49
a[0]	a[1]	a[2]	a[3]	a[4]	a[5]

3. 示例代码

方法一：

```
#include<iostream>
using namespace std;
int main(){
    int a[100],n,i,j,t;
    cin>>n;
    for (i=0;i<n;i++)
        cin>>a[i];
    for (i=1;i<n;i++){
        t=a[i];
        for (j=i-1;t<a[j]&&j>=0;j--){
            a[j+1]=a[j];
        }
        a[j+1]=t;
    }
    for (i=0;i<n;i++)
        cout<<a[i]<<" ";
    return 0;
}
```

方法二(函数实现)：

```
#include<iostream>
using namespace std;
void i_sort(int a[],int n);
int main(){
    int a[100],n,i;
    cin>>n;
    for (i=0;i<n;i++)
        cin>>a[i];
```

```
    i_sort(a,n);
    for (i=0;i<n;i++)
        cout<<a[i]<<" ";
    return 0;
}
void i_sort(int a[],int n){
    int i,j,t;
    for (i=1;i<n;i++){
        t=a[i];
        for (j=i-1;t<a[j]&&j>=0;j--)
            a[j+1]=a[j];
        a[j+1]=t;
    }
}
```

例题 13. 4. 1

根据直接插入排序来填充空白部分。

```
int a[100],n,i,j,t;
cin>>n;
for(i=0;i<n;i++)
    cin>>a[i];
for(i=1;i<n;i++){
    ______;
    for(j=i-1;t<a[j]&&j>=0;j--)
        ___________;
    a[____]=t;
}
for(i=0;i<n;i++)
    cout<<a[i]<<" ";
```

参考答案:

①t=a[i]　　②a[j+1] =a[j]　　③j+1

学习内容:直接插入排序

1. 排序方法

①从 a[1]开始判断,若 a[1]<a[0],则交换 a[0],a[1]的值,然后将 a[0],a[1]视为一个已经排好序的序列。

②将之后的元素 a[i]与排好序的序列的最后一个元素 a[i−1]进行比较,若 a[i]>a[i−1],则将 a[0]～a[i]视为一个排好序的序列,否则将 a[i]与 a[i−1]～a[0]进行比较。

③若 a[i]<a[i−1],则交换两元素数值。

④然后再用 a[i−1]与 a[i−2]进行比较,重复③操作,直至存储 a[i]数值的元素的左侧元素数值小于等于初始 a[i]的数值或者当前元素左侧不存在其他元素,则将 a[0]～a[i]视为一个排好序的序列。

⑤重复②～④操作,直至 a[0]～a[n]成为一个排好序的序列。

2. 示例代码

方法一:

```
#include<iostream>
using namespace std;
int main(){
    int a[100],n,i,j,t;
    cin>>n;
    for (i=0;i<n;i++)
        cin>>a[i];
    for (i=1;i<n;i++){
        t=a[i];
        for (j=i-1;t<a[j]&&j>=0;j--){
            a[j+1]=a[j];
        }
        a[j+1]=t;
    }
    for (i=0;i<n;i++)
        cout<<a[i]<<" ";
    return 0;
}
```

方法二(函数实现):

```
#include<iostream>
using namespace std;
void i_sort(int a[],int n);
int main(){
    int a[100],n,i;
    cin>>n;
    for (i=0;i<n;i++)
        cin>>a[i];
    i_sort(a,n);
    for (i=0;i<n;i++)
        cout<<a[i]<<" ";
    return 0;
}
void i_sort(int a[],int n){
   int i,j,t;
   for (i=1;i<n;i++){
       t=a[i];
       for(j=i-1;t<a[j]&&j>=0;j--)
           a[j+1]=a[j];
       a[j+1]=t;
   }
}
```

动手练习

【练习 13.4.1】 在有序数组中插入一个数

题目描述

在一个有序数组(元素从小到大排序)中插入一个元素 x,插入 x 后保证数组的有序性。

输入

输入三行。第一行输入一个整数 n(0<n<100),表示数组实际存放的数据个数;第二

行依次输入 n 个整数;第三行输入要插入的数据 x。

输出

输出一行,输出插入 x 后的数组的全部元素,元素间用一个空格隔开。

样例输入

```
5
1 3 5 7 9
4
```

样例输出

```
1 3 4 5 7 9
```

小可的答案

分析:

从数组的最后一个数组元素开始,依次和要插入的数据进行比较,如果要插入的数据小于当前的数组元素,则该数组元素向后移动一位,如果要插入的数据大于等于当前的数组元素,则将数据插入到当前数组元素的后面。

根据样例分析:

n=5,数组最后一个元素是 a[n-1],即 a[4]。

插入数据为 x=4。

Step 1:x<a[4]成立,a[4]向后移动一位,即 a[5]=a[4]。

Step 2:x<a[3]成立,a[3]向后移动一位,即 a[4]=a[3]。

Step 3:x<a[2]成立,a[2]向后移动一位,即 a[3]=a[2]。

Step 4:x<a[1]不成立,循环结束,将 4 插入到 a[1]的后面,即 a[2]=x。

```
#include<iostream>
using namespace std;
int main(){
    int i,x,n,a[101];
    cin>>n;
    for(i=0;i<n;i++)
        cin>>a[i];
    cin>>x;
    for(i=n-1;i>=0&&x<a[i];i--)
```

```
            a[i+1]=a[i];
        a[i+1]=x;
        for(i=0;i<=n;i++)
            cout<<a[i]<<" ";
        return 0;
    }
```

进阶练习

【练习 13.4.2】 整数分组排序

题目描述

现在有一串数字，一共有 10 个整数，老师要求按照顺序排列，但是顺序不是从小到大直接排列，规则如下：

①奇数在前，偶数在后。

②奇数按从大到小排序。

③偶数按从小到大排序。

输入

输入一行，包含 10 个整数，彼此以一个空格分开，每个整数的范围是大于等于 0、小于等于 100。

输出

按照要求排序后输出一行，包含排序后的 10 个整数，数与数之间以一个空格分开。

样例输入

```
4 7 3 13 11 12 0 47 34 98
```

样例输出

```
47 13 11 7 3 0 4 12 34 98
```

【练习 13.4.3】 字符排序

题目描述

有 n 行无空格的字符，要求输出 n 行以空格隔开的字符，每行都是从小到大(提示：ASCII 码大则字符大)。

输入

第一行输入整数 n，后面输入 n(n≤1000)行字符，每行 3 个字符，中间无空格。

输出

输出 n 行。对于输入的每行字符，输出排好序的以空格隔开的一行 3 个字符。

样例输入

```
3
qwe
asd
zxc
```

样例输出

```
e q w
a d s
c x z
```

第14章 二维数组进阶

编程课堂

走，我们去上课吧！

好的！

小可

达达

第 1 节 二维数组

我们之前已经学习过二维数组，二维数组可以理解为每个数组元素都是一个数组的数组。也就是说，二维数组本质上和一维数组没有什么区别，只是它的每一个元素也是个数组。也可以将二维数组理解为一个矩阵。其实，不同的理解形式都是为了帮助我们更好地利用二维数组，那让我们首先回顾一下二维数组的一些常用操作吧！

 二维数组声明及初始化

1. 二维数组的声明

最简单的一个二维数组的声明如下：

int a[3][4];

我们仔细看一下声明语句的各个部分的含义解释，如图 14-1-1 所示。

int	a	[3]	[4]	;
数据类型	数组名	行数	列数	语句结束

图 14-1-1

通过这样一个简单的声明，我们就获得了下面这样一个二维数组(见图 14-1-2)。

a				
a[0]	a[0][0]	a[0][1]	a[0][2]	a[0][3]
a[1]	a[1][0]	a[1][1]	a[1][2]	a[1][3]
a[2]	a[2][0]	a[2][1]	a[2][2]	a[2][3]

图 14-1-2

可以看到，二维数组 a 本质上是多个一维数组并排放在一起，而其元素 a[0]，a[1]，a[2]是一个 int 类型的一维数组。a[0][0]则是一维数组 a[0]的第一个元素，是一个 int 类型的值。

2. 二维数组的初始化

类似于一维数组，二维数组可以在声明时直接进行初始化，规则是按由左至右、由上至下的顺序初始化，没有初始化到的元素自动归零。

以 3 行 4 列的二维数组为例，对其进行初始化的 3 种方式以及对应的结果如下：

int a[3][4]={0};

0	0	0	0
0	0	0	0
0	0	0	0

int a[3][4]={1};

1	0	0	0
0	0	0	0
0	0	0	0

int a[3][4]={1,2,3,4,5};

1	2	3	4
5	0	0	0
0	0	0	0

或者我们可以通过嵌套循环结构，通过手动向二维数组中输入的方式对二维数组进行初始化。注意，外层循环控制变量代表行标，内层循环控制变量代表列标。

```
for(int i=0;i<3;i++){
    for(int j=0;j<4;j++){
      cin>>a[i][j];
    }
}
```

3. 二维数组输出

类似于对二维数组进行手动初始化，二维数组的输出也需要用到嵌套循环结构，例如对上例中第三个直接初始化的数组进行输出，可以采用下面的代码。

```
for(int i=0;i<3;i++){
    for(int j=0;j<4;j++){
      cout<<a[i][j];
    }
}
```

输出的结果是：

123450000000

这样的输出十分不直观，可以加上空格和换行让二维数组的输出更像一个矩阵（有行列之分的数列）。

```
for(int i=0;i<3;i++){
    for(int j=0;j<4;j++){
        cout<<a[i][j]<<" ";
    }
    cout<<endl;
}
```

输出的结果是：

1 2 3 4

5 0 0 0

0 0 0 0

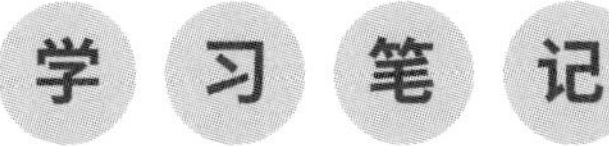

学习内容：二维数组的声明、二维数组的初始化及输入输出

1. **二维数组的声明**

二维数组的声明和一维数组类似，声明时确定了数组的数据类型、元素个数以及数组名称。

2. **二维数组的初始化及输入输出**

可以在声明的时候对二维数组直接进行初始化，或者使用嵌套循环结构进行手动输入，输出也需要使用嵌套循环结构。

 二维数组基础例题

【练习 14.1.1】

题目描述

教导主任赵老师从众多学生中选出 25 位同学站成 5×5 的方队去参加市级课间操汇演，但是由于种种原因，需要调整某两排的同学，现在老师想交换第 n 行和第 m 行，查看一下交换之后的结果。

输入

输入共 6 行，前五行表示方队中每个人的班内学号，用空格间隔开。

第六行包含两个整数 m，n($1\leqslant m,n\leqslant 5$)，以一个空格分开。

输出

输出交换之后的方队，方队的每一行的学生学号占一行，学号之间以一个空格分开。

样例输入

```
1 2 2 1 2
5 6 7 8 3
9 3 2 5 3
7 2 1 4 6
3 1 8 2 4
1 5
```

样例输出

```
3 1 8 2 4
5 6 7 8 3
9 3 2 5 3
7 2 1 4 6
1 2 2 1 2
```

小可的答案

分析：

根据题目要求，交换两行的学生就相当于二维数组交换两行的元素。由于二维数组的每行都相当于一个一维数组，这里就相当于交换两个一维数组中各个对应下标的元素，如果数组下标是从 1 开始的，则我们要交换的就是第 m 行和第 n 行，也就是交换 a[m]和 a[n]的对应下标的元素，并且 a[m]和 a[n]的长度相同。

```
#include<iostream>
using namespace std;
int main(){
    int matrix[6][6],n,m;
    for(int i=1;i<=5;i++){
        for(int j=1;j<=5;j++){
            cin>>matrix[i][j];
        }
    }
    cin>>n>>m;
    for(int j=1;j<=5;j++){
        int t=matrix[n][j];
        matrix[n][j]=matrix[m][j];
```

```
            matrix[m][j]=t;
        }
        for(int i=1;i<=5;i++){
            for(int j=1;j<=5;j++){
                cout<<matrix[i][j]<<" ";
            }
            cout<<endl;
        }
    }
```

【练习 14.1.2】

题目描述

小可创造了一个数学游戏，规则是：给你一个填充满数字的 n 行 m 列矩阵，要求对其进行处理计算：

(1)四周最外层的数字都不用修改，原来是多少计算之后还是多少。

(2)不是最外层的数字需要将这个数字以及上下左右相邻的共计 5 个数字相加并取平均，取平均时要进行一个四舍五入的操作。

输入

第一行包含两个整数 n，m(1⩽n⩽100，1⩽m⩽100)，表示数字矩阵的行数和列数。

接下来 n 行，每行 m 个整数，表示每个位置的数字，每个位置的数字均为小于 300 的非负整数。

输出

输出 n 行，每行 m 个整数，为计算之后的矩阵。相邻两个整数之间用单个空格隔开。

样例输入

```
4 5
100 0 100 0 50
50 100 200 0 0
50 50 100 100 200
```

100 100 50 50 100

样例输出

100 0 100 0 50

50 80 100 60 0

50 80 100 90 200

100 100 50 50 100

小可的答案

分析：

首先四周边缘的元素按照原样不变，其他元素为当前位置上下左右中五个数取平均值，如果直接在一个数组上作修改则会导致修改后的元素影响其他位置的计算，所以很容易想到使用两个数组 a，b，数组 a 不变，数组 b 根据数组 a 来设置元素的值(深色部分是不作改变的)，如图 14-1-3 所示。

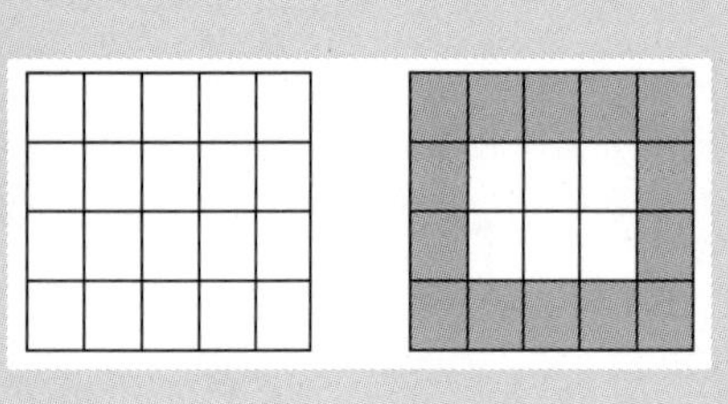

```
for(inti=1;i<=n;i++){
    for(int j=1;j<=m;j++){
        cin>>a[i][j];
        b[i][j]=a[i][j];
    }
}
```

图 14-1-3

接下来我们只需要对于第二行到第 n−1 行、第二列到第 m−1 列进行如题所要求的设置就可以了。在“<cmath>”头文件中有一个 round 函数，传入一个 double 类型的值可以返回该值四舍五入后的 int 值。不要忘了，整数的计算必须要通过类型转换(强制类型转换或自动类型转换)才能计算出小数。

```
for(int i=2;i<=n-1;i++){
  for(int j=2;j<=m-1;j++)
    b[i][j]=round((a[i][j]+a[i-1][j]+a[i][j-1]+
              a[i+1][j]+a[i][j+1])/5.0);
}
```

```
#include<iostream>
#include<cmath>
using namespace std;
int main(){
    int a[105][105];
    int b[105][105];
    int n,m;
    cin>>n>>m;
    for(int i=1;i<=n;i++){
        for(int j=1;j<=m;j++){
            cin>>a[i][j];
            b[i][j]=a[i][j];
        }
    }
    for(int i=2;i<=n-1;i++){
        for(int j=2;j<=m-1;j++){
            b[i][j]=round((a[i][j]+a[i-1][j]+a[i][j-1]+
                a[i+1][j]+a[i][j+1])/5.0);
        }
    }
    for(int i=1;i<=n;i++){
        for(int j=1;j<=m;j++){
            cout<<b[i][j]<<" ";
        }
        cout<<endl;
    }
    return 0;
}
```

关注“小可学编程”微信公众号，
获取答案解析和更多编程练习。

进阶练习

【练习 14.1.3】

题目描述

在夜深人静的夜晚，你苦苦思索于可达鸭的编程题不肯睡去。终于有一天，你听说神秘白衣人手里有一份终极 OJ 题目讲解大礼包！而且你从内部人员口中得知，那个白衣人在 12:00 将出现一刻钟，你心急如焚地想立刻要到那一份大礼包。但是，和你家在同一个小区的小可同样盯上了这个神秘的白衣人，想要那唯一的一份终极 OJ 详解！

地图上表示的整体位置是一个 n 行 m 列的方阵，而且你和小可都身处第一行第一列的位置，带有终极 OJ 详解的白衣人的位置在 x 行 y 列。

你们俩选择了不同的道路。你只能先横着走到白衣人所在的列数，然后才能竖着走到白衣人面前。小可只能先竖着走到白衣人所在的行数，然后才能横着走到白衣人面前。

你们二人同样努力，谁先到就给谁，所以，最后的结果只能交给路况了。

输出每个人的用时，用时长的是得不到 OJ 礼包的，如果你的时间比对方少，则输出“You get it!”，不然输出“Oops!”。

输入

第一行两个整数 n，m(n<20，m<20，即地图大小)

以下 n 行，每行 m 个数，代表所耗费的时间。

最后两个整数 x，y(代表白衣人所在位置)。

输出

第一行两个整数，用一个空格隔开，分别代表你的用时和小可的用时。

第二行输出“You get it!”或者“Oops!”。

样例输入

```
5 5
1 2 3 5 6
2 4 6 7 8
1 2 3 4 1
1 2 4 6 3
1 4 6 8 3
3 4
```

样例输出

```
18 9
Oops!
```

第 2 节　魔幻方阵

熟悉了二维数组的基础之后，我们接下来看一下二维数组有意思的应用以及更高级的数组元素处理方法。上一节我们学习了如果初始化二维数组中的各个元素，分为声明时直接初始化和使用嵌套循环手动初始化，但是根据题目的要求和我们想要构建的二维数组的性质可知，对于二维数组中元素的赋值方法千变万化。本节我们将学习如何构建一个 n 阶的魔幻方阵，以及一种新的控制输出格式的函数，让我们一起进入学习吧！

魔幻方阵

【练习 14.2.1】

题目描述

行数等于列数的矩阵又被称为“方阵”。现有一个奇数 n，要求把 1～n×n 之间(包含 1 和 n×n)的正整数变成 n 行的方阵，并且方阵中的每行、每列和主副对角线上的数字之和都相同。

输入

输入一个奇数 n，n 是正整数，且小于 20。

输出

输出 n 行，每行 5 个正整数，构成这个方阵。每个正整数占 5 列。

样例输入

```
5
```

样例输出

```
   17   24    1    8   15
   23    5    7   14   16
    4    6   13   20   22
   10   12   19   21    3
   11   18   25    2    9
```

解题思路:

魔幻方阵的构建方法——楼梯法的具体规则如下:将 1 填在方阵第一行的中心部位;其他数字按照顺序依次填写在上一个数字的右上方;若当前数字在第一行,则将下一个数字填在最后一行、列加 1 的位置上;若当前数字在最后一列,则将下一个数字填在第一列、行减 1 的位置上;若按照上述规则所要填充的位置上已经存在数字,则把当前需要填充的数字填在当前数字的正下方。

①首先想到第一个数是最特殊的,它总是在第一行的正中央,由于这里反复用到第一行、第 n 行、第一列、第 n 列等描述,所以数组下标我们从 1 开始,那么,第一行的正中央下标为 a[1][(n+1)/2],如图 14-2-1 所示。

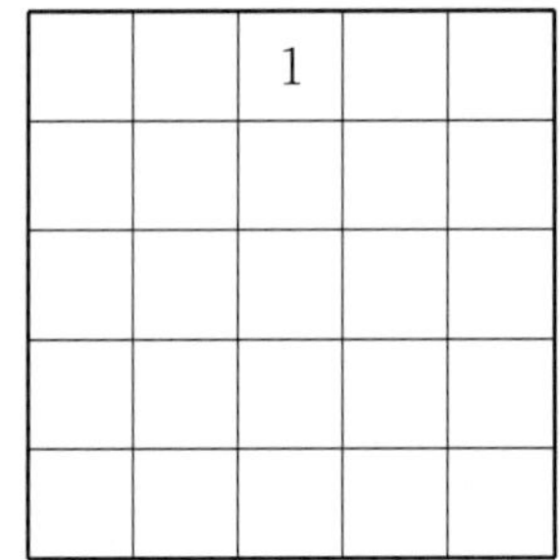


```
int i=1,j=(n+1)/2;
    a[i][j]=1;
```

图 14-2-1

②接下来需要填写剩下的 n×n−1 个数字。由于接下来的所有数字填写规则都是相同的,所以我们用 for 循环来控制接下来的填写,循环控制变量为需要填写的数字,变化范围从 2~n×n。

```
for(k=2;k<=n*n;k++){
    ...
}
```

③在 for 循环中,根据第 2~4 条规则,如果当前已经在第一行,则行标变为 n,否则行标减 1,如果当前已经在第 n 列,则列标变为 1,否则列标加 1。注意,这里行标列表的变化是独立的,所以这里应该是两对 if…else 分别控制行和列的变化来计算出下一个位置。

```
for(k=2;k<=n*n;k++){
    if(i==1)
        i=n;
    else
        i=i-1;
    if(j==n)
        j=1;
    else
        j=j;
    ...
}
```

④接下来看计算出的下一个位置是否已经填有数字。如果没有填写，则将下一个位置填上数字；如果已经有数字了，则在当前位置的正下方填写数字。这里首先考虑如何判断下一个位置是否已经填有数字，可以通过下一个位置元素是否为 0 来判断，就需要在二维数组初始化的时候将所有元素赋 0，如图 14-2-2 所示。

0	0	1	0	0
0	0	0	0	0
0	0	0	0	0
0	0	0	0	0
0	0	0	0	0

```
int a[25][25]={0};
int i=1,j=(n+1)/2;
    a[i][j]=1;
```

图 14-2-2

⑤接下来还有一个问题，如果计算出来的位置已经填过数了，如何找到当前位置的正下方。我们可以看到 i,j 本身存储的是当前位置的行和列，由于在前面的计算中，i 和 j 的值变化为下一个位置的行和列，所以我们已经丢失了当前位置，也就是说一旦下个位置有数，我们将无法找到当前位置的正下方来填写，因此，在③中我们不能直接对 i,j 进行修改，因为当前位置在后面还有用，所以③中的代码应该修改一下，结合后面的分析，for 循环内的代码应该为：

```
if(i==1)
    x=n;
else
    x=i-1;
if(j==n)
    y=1;
else
    y=j+1;
if(a[x][y]!=0){
    a[i+1][j]=k;
    i++;
}else{
    a[x][y]=k;
    i=x;
    j=y;
}
```

当然，x 和 y 应该在 for 循环外声明，这样我们在填上数字之后需要修改 i 和 j 的值为下一个位置，为接下来的循环做准备。

⑥由于题目要求输出格式每个数字占 5 列，所以我们需要用新的控制输出格式函数，它包含在头文件“<iomanip>”中。该函数会让接下来的输出内容每次占用 5 个单位，用于输出表格和矩阵，可以提高输出的可读性，使用方法如下：

```
for(int i=1;i<=n;i++){
    for(int j=1;j<=n;j++)
        cout<<setw(5)<<a[i][j];
    cout<<endl;
}
```

小可的答案

```
#include<iostream>
#include<iomanip>
using namespace std;
int main(){
    int n;
    cin>>n;
    int a[25][25]={0};
    int i=1,j=(n+1)/2;
    a[i][j]=1;
    int x,y;
    for(int k=2;k<=n*n;k++){
        if(i==1)
            x=n;
        else
            x=i-1;
        if(j==n)
            y=1;
        else
            y=j+1;
        if(a[x][y]!=0){
            a[i+1][j]=k;
            i++;
        }else{
            a[x][y]=k;
            i=x;
            j=y;
        }
    }
    for(int i=1;i<=n;i++){
        for(int j=1;j<=n;j++)
            cout<<setw(5)<<a[i][j];
        cout<<endl;
    }
    return 0;
}
```

关注“小可学编程”微信公众号，获取答案解析和更多编程练习。

学习笔记

学习内容:二维数组下标的灵活表示、及时发现和修改代码的问题

①二维数组表示位置时,当前位置为基准周围相邻的 8 个方向的位置,应该能熟练地表示出来,分别通过行标和列标的变化来实现,上题只用到了右上方和正下方两个方向。

②写代码的过程中大概率不会一路顺利地写完代码,很多时候在写前面代码时会由于考虑不够周全导致后面无法进展,这时需要再回头看前面的代码还有哪些改进的余地,慢慢地将程序完善。

第 3 节　旋转方阵

上一节我们学习了如何构建一个魔幻方阵，相比接下来的题目，魔幻方阵的构建方式就显得十分简单，因为魔幻方阵的规则十分清楚，本质上每个数都是填写在上一个数的右上角，只是有 3 种特殊情况需要判断并处理一下，而接下来的旋转方阵，从方阵的样子来看十分简单，但是对于旋转方阵的构建我们需要用到更加高级的知识，让我们一起来看看这种类型的题目如何完成吧。

旋转方阵

【练习 14.3.1】

题目描述

小可想利用方阵填充数字达到不同的效果，最近她就突发奇想，想构成一个旋转的方阵。这个旋转的方阵会从最左上角（第一行第一列）的位置开始出发，初始方向为向右移动，如果是没有走过的或者不是边界则继续前进，否则右转朝新的方向继续前进，一直重复这样的操作直到把整个方阵填充完毕。根据经过顺序，在格子中依次填入 1，2，3，…，n，便构成了一个旋转方阵。

现在请编程，输入 1 个正整数 n，生成一个 n×n 的旋转方阵。

输入

输入一行，有 1 个正整数 n(1≤n≤20)。

输出

输出 n 行，每行 5 个正整数，构成这个方阵。每个正整数占 5 列。

样例输入

```
5
```

样例输出

```
    1    2    3    4    5
   16   17   18   19    6
   15   24   25   20    7
```

```
14    23    22    21    8
13    12    11    10    9
```

解题思路：

①首先我们观察输出矩阵的形式。从左上角开始，每填一个数之后接下来一个数都比之前的数大 1 并且向右走，填完 5 个数之后则向下走，填完 4 个数之后向左走，填完 4 个数之后向上走，按照规律填写完 3 个数之后再下一个数即将填入之前已经填过的位置时向右转。接下来按照前面的规律，填写的方向在右下左上循环，直到填完最后一个数 n×n。

②根据①在转完第一圈之后，每次转向都是即将把下一个数填入之前已经填过数的位置时，我们利用这个规律在矩阵的四周填上数，那么最外圈的转向也可以利用这个规律来完成，并且为了判断下一个位置是否已经填写了数，我们将没填数的位置全部置 0，如图 14-3-1 所示。

−1	−1	−1	−1	−1	−1	−1
−1	0	0	0	0	0	−1
−1	0	0	0	0	0	−1
−1	0	0	0	0	0	−1
−1	0	0	0	0	0	−1
−1	0	0	0	0	0	−1
−1	−1	−1	−1	−1	−1	−1

图 14-3-1

```
int a[25][25]={0};
for(int i=0;i<=n+1;i++){
    for(int j=0;j<=n+1;j++)
        if(i==0||j==0||i==n+1||j==n+1)
            a[i][j]=-1;
}
```

③根据之前的经验，总共需要填写 1～n×n 总共 n×n 个数字，并且填写的规律也是类似的，所以我们通过 for 循环一个一个地填写，循环控制变量为需要填写的数字，而第一个位置也是比较特殊的，它代表着填写的初始位置，所以首先记录并填写第一个位置，如图 14-3-2 所示。

−1	−1	−1	−1	−1	−1	−1
−1	0	0	0	0	0	−1
−1	0	0	0	0	0	−1
−1	0	0	0	0	0	−1
−1	0	0	0	0	0	−1
−1	0	0	0	0	0	−1
−1	−1	−1	−1	−1	−1	−1

图 14-3-2

```
int x=1,y=1;
    for(int k=1;k<=n*n;k++){
        a[x][y]=k;
        …
    }
```

在填写接下来的数字之前，我们整理一下，如果当前位置是 xy，那么当前位置的右边、下面、左边、上面分别是：

向右：x　y+1　　　　　　相当于 x+0　y+(+1)

向下：x+1　y　　　　　　相当于 x+1　y+0

向左：x　y−1　　　　　　相当于 x+0　y+(−1)

向上：x−1　y　　　　　　相当于 x+(−1)　y+0

这样，我们将方向的变化全部转换为数组下标的增加(减转换为加负数)，再将行和列的变化提取出来放入两个数组中。

```
int dx[]={0,1,0,-1};
int dy[]={1,0,-1,0};
int d=0;
```

显然 dx 和 dy 意味着行列下标的增加值，dx[0]dy[0]代表着向右，dx[1]dy[1]代表着向下，dx[2]dy[2]代表着向左，dx[3]dy[3]代表着向上，所以需要用一个计数器 d 来控制方向，而 d 每增加 1 方向就按照预先规定的去改变，d 的值循环于 0，1，2，3 四个数，所以这里的 d 不能一直加 1，而是需要加 1 之后对 4 求余，才能够让 d 的值循环在 0，1，2，3 之间。

④接下来的思路就清晰了，我们在 for 循环中，首先填入当前位置的数，然后通过当前的方向控制变量 d 以及方向数组计算出下一个位置，判断下一个位置是否已经有数，如果有，则转弯“d=(d+1)%4”，计算出下一个数应该填写的位置，继续循环……

```
for(int k=1;k<=n*n;k++){
        a[x][y]=k;
        if(a[x+dx[d]][y+dy[d]]!=0){
            d++;
            d=d%4;
        }
        x+=dx[d];
        y+=dy[d];
    }
```

小可的答案

```
#include<iostream>
#include<iomanip>
using namespace std;
int main(){
    int n;
    cin>>n;
    int a[25][25]={0};
    int dx[]={0,1,0,-1};
    int dy[]={1,0,-1,0};
    int x=1,y=1,d=0;
    for(int i=0;i<=n+1;i++){
        for(int j=0;j<=n+1;j++)
            if(i==0||j==0||i==n+1||j==n+1)
                a[i][j]=-1;
    }
    for(int k=1;k<=n*n;k++){
        a[x][y]=k;
        if(a[x+dx[d]][y+dy[d]]!=0){
            d++;
            d=d%4;
```

```
            }
            x+=dx[d];
            y+=dy[d];
        }
    for(int i=1;i<=n;i++){
        for(int j=1;j<=n;j++)
            cout<<setw(5)<<a[i][j];
        cout<<endl;
    }
    return 0;
}
```

关注“小可学编程”微信公众号，获取答案解析和更多编程练习。

学习笔记

学习内容:方向数组

方向数组的熟练使用对于二维数组的学习至关重要,我们要理解方向数组设置的原理,两个方向数组中对应位置的值的意义,如何通过方向控制变量来改变方向,方向变化的顺序如何来改变,例如题目如果要求数组旋转的方向是逆时针,如何只改变方向数组元素的顺序来完成。

第15章 字符进阶

编程课堂

走，我们去上课吧！

好的！

小可

达达

第 1 节 字符串回顾

字符串结构，就是 char 类型字符数组。char 类型字符数组用于存储字符串时，是把每个字符都分别存到数组元素中，存完之后会添加一个结束标志即“\0”，其 ASCII 码为 0。当输出字符数组时遇到“\0”就停止，故再定义数组大小时要注意预留“\0”的空间。

 字符串结构回顾

在 C++中，有两种字符串，一种是从 C 语言沿袭过来的，称为“C-字符串”，使用数组来存储字符序列，另一种是封装的 string 类型。

一个字符串是一个字符序列，用来表示各种名字或者文字说明，其格式为用双引号括起来的字符序列。每个字符占据 1 个字节。

字符串字符序列的最后总是添加有一个结束标志“\0”，如在 6 个字符的字符串“Hello!”中，其存储空间有 7 个字节。

字符的读入如下：

①最基本也是最常用的方法，cin 输入一个字符。

```
#include<iostream>
using namespace std;
int main(){
    char a,b;
    cin>>a>>b;
    cout<<a<<b;
    return 0;
}
```

②getchar()接受字符。

```
#include<iostream>
#include<cstdio>
using namespace std;
int main(){
    char ch;
    ch=getchar();
    cout<<ch;
    return 0;
}
```

getchar()只能获取一个字符,输入“jljkljkl”,输出“j”。getchar()是C语言的函数。

③scanf()接受字符。

```
#include<iostream>
#include<cstdio>
using namespace std;
int main(){
    char ch;
    scanf("%c",&ch);
    cout<<ch;
    return 0;
}
```

④cin 输入一个字符串,遇到空格、“TAB”、回车结束输入。

```
#include<iostream>
using namespace std;
int main(){
    char a[20];
    cin>>a;
    cout<<a;
    return 0;
}
```

输入

jkl jkl jkl jkl

输出

jkl

例题 15.1.1

我们知道,抄袭是非常可耻的。为了获知某篇文章是不是抄袭的,我们通常要拿这篇文章与其他文章进行比对,判断是不是存在相似性。现在有两句话需要进行对比,看看是不是相似的。判断过程是这样的:如果两句话相同位置的文字符号一致的话,我们就说这是一个相同位置,而相同位置的个数所占总字符的比值,如果大于给定的一个数值 x 的话,就说这是相似的,否则不相似。

输入

输入三行,第一行是数值 x。

后面两行,每行一个字符串,表示需要进行比对的两句话,两个字符串的长度相同,且不大于 500。

输出

输出一行,若相关,则输出"yes",否则输出"no"。

样例输入

```
0.85
ATCGCCGTAAGTAACGGTTTTAAATAGGCC
ATCGCCGGAAGTAACGGTCTTAAATAGGCC
```

样例输出

```
yes
```

解析:相同位置的个数所占总字符的比值,如果大于等于给定的一个数值 x 的话,就说这是相似的,否则不相似。

首先要计数相同且一致的字符有多少。

```
for(int i=0;i!=len;i++)
    if(s1[i]==s2[i])
        计数;    //统计相同个数
```

其次要判断相同位置的个数所占总字符的比值是否大于等于 x。

```
if(1.0*cnt/len>=x)
    相关;    //所占比例大于所给阈值
else
    不相关;
```

参考答案:

```
#include<iostream>
#include<cstring>
using namespace std;
int main(){
    char s1[501],s2[501];
    double x;
    int cnt=0;
    cin>>x>>s1>>s2;
    int len=strlen(s1);     //计算长度
    for(int i=0;i<len;i++){
        if(s1[i]==s2[i]){     //逐个比较
          cnt++;     //计数
        }
    }
    if(1.0*cnt/len>=x){     //所占比值大于数值 x
        cout<<"yes";     //相似
    }else{
        cout<<"no";     //不相似
    }
    return 0;
}
```

例题 15.1.2

在某颁奖典礼中,两位候选人是否被选上完全取决于期末考试的总分。作为背后的工作人员,请你帮忙分别录入两个人的姓名和成绩,然后在大屏幕上输出获胜者的名字,如果分数相同,输出“Tie!”。

输入

输入两行,每一行先输入一个人的名字,空一格后,输入这个人的分数,每个人的名字都不超过 20 个字符。

输出

分数大的人的名字,分数相同则输出“Tie!”。

样例输入

```
code 99
duck 99.5
```

样例输出

```
duck
```

解析:题目要求分别输入名字和分数,注意名字是无空格字符串,分数是浮点类型数据。

若a和b比较分数,判断之后有三种情况:

①a赢,输出a名字。

②b赢,输出b名字。

③平局,输出“Tie!”。

参考答案:

```
#include<iostream>
#include<cstring>
int main(){
    char a[25], b[25];
    double fa,fb;
    cin>>a>>fa>>b>>fb;
    if(fa> fb)
        cout<<a;
    else if(fa<fb)
        cout<<b;
    else
        cout<<"Tie!";
    return 0;
}
```

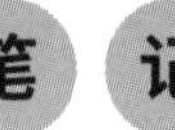

学习笔记

学习内容:字符串的定义、赋值、读入以及相关函数

1. **读入**

字符:cin 或者 scanf()或者 getchar();字符串:cin 或者 scanf()。

2. **求长度**

strlen()函数;比较:strcmp()函数;复制:strcpy()函数;连接:strcat()函数。

第 2 节 string 类型及其应用

建议使用 C++的 string 类，它重载了几个运算符，连接、索引和拷贝等操作不必使用函数，使运算更加方便，而且不易出错。string 类包含在名字空间 std 中。string 是一种自定义类型，它可以方便地执行字符串所不能直接执行的一些操作，可以直接复制、比较、连接等，而且无须通过库函数的方式。它处理空间占用问题是自动的，需要多少，用多少。

string 的输入

1. cin 的读入方式

总是将前导的空格过滤掉，将单词读入，在遇到空格时结束本次输入。

```
int main(){
    string s;
    cin>>s;
    cout<<s;
    return 0;
}
```

输入：hello，how are you?

输出：hello，how

2. getline()的读入方式

通过 getline()将其一次性读入。getline()总是将行末的回车符过滤掉，整行输入。

```
int main(){
    string s;
    getline(cin,s);
    cout<<s;
    return 0;
}
```

输入:hello,how are you?

输出:hello,how are you?

 string 的赋值、连接、比较

1. 赋值

```
string s1 ="cat", s2, s3;
s2=s1;- - - - s2: "cat"
s3.assign(s1);- - - - s3: "cat"
s2[2]='p';- - - - s2: "cap" []运算不做越界检查,越界不报错
s3.at(0)='p';- - - - - s3: "pat" at()做越界检查,越界报错
```

2. 连接

```
s2=s2+ " is good!";- - - - s2:cap is good!
a1.append(" is white")- - - - s1:cat is white
s3.append(s2,3,s2.size())- - - - s3:pat is good
```

3. 比较

```
string s1="cat",s2="cap",s3="cat cap";
if(s1==s2)cout<<"true";
else cout<<"false";
          - - - - false
int f=s1.compare(s2);
if(f==0)cout<<"s1==s2! ";
else if(f>0)cout<<"s1> s2!";
else if(f<0)cout<<"s1<s2!";
          - - - - s1> s2!
```

compare()在比较字符串大小的时候,会寻找两个字符串中第一个不相同的字符并比较两字符的字典序,将字符字典序在后的视为较大的字符串,并不再向后比较(无论字符串长短)。

例题 15.2.1

输入四个字符串 s1,s2,s3,s4,将 s4 的内容连接到 s1 的尾部,将 s3 的内容连接到 s2 的尾部,并比较新的 s1 与 s2 的大小,输出更大的字符串,若两字符串相等则输出"～～～"。

输入

输入四行,每行一个字符串。

输出

输出一行,比较后的结果。

样例输入

```
WhatHappended?
WhereAreYou?
IAmNotSure.
Nothing!
```

样例输出

```
WhereAreYou? IAmNotSure.
```

注意:输入的字符串中不能有空格。

解析:①我们首先要输入四个字符串,由于是不带空格的字符串,所以可以直接使用 cin 进行输入。若是带空格的字符串,则要使用 getline()进行输入。

②将 s4 的内容连接到 s1 的尾部,将 s3 的内容连接到 s2 的尾部,可以直接使用“+”进行连接,也可以使用 append()函数,但使用函数时需要加上“<string>”头文件。

③根据连接后新得到的 s1 和 s2,比较两个字符串大小,可以使用关系运算符,也可以使用 compare()函数,并按要求输出。

参考答案:

```
#include<iostream>
#include<string>
using namespace std;
int main(){
    string s1,s2,s3,s4;
    cin>>s1>>s2>>s3>>s4;
    s1+=s4;
    s2+=s3;
    if(s1>s2)cout<<s1;
    else if(s1<s2)cout<<s2;
    else cout<<"~ ~ ~ ";
    return 0;
}
```

string 的子串、交换、长度

1. 截取子串

```
string s1="cat",s2="cap",s3="cap cat"
s3.substr(4,3);- - - - "cat"
```

求 s3 从 4 下标开始长度为 3 的子串。

2. 交换

```
s1.swap(s2)- - - - s1:"cap" s2:"cat"
```

互换 s1 和 s2 的值。

3. 求长度

```
s3.size();- - - - 7
```

求 s3 的字符串长度。

```
s1.length();- - - - 3
```

求 s1 的字符串长度，与 size()的功能是一样的。

例题 15.2.2

输入一行由字母和字符“# ”组成的字符串，保证“# ”出现偶次。从前向后看，每两个“# ”字符之间的字符串是要摘录的文字，请编程把摘录的字符串连续输出。

输入

一行字符串，总长度不超过 1000000。

输出

“# ”字符对之间的字符。

样例输入

```
a# abcd# xyz# efgh# opq
```

样例输出

```
abcdefgh
```

解析：由题意可知我们要摘录“# ”字符对之间的字符串，也就是“abcdefgh”。首先要根据 f 的值找到第一个“# ”所在的位置，用 pos 记录下子串的开始位置。再找到第二个“# ”所在位置后，利用子串函数将两个“# ”之间的子串取出，连接到结果子串里面。

参考答案：

```
#include<iostream>
#include<string>
using namespace std;
int main(){
    string s,ans;
    int pos;
    bool f=1;
    cin>>s;
    for(int i=0;i<s.size();i++){     //遍历整个字符串
        if(s[i]=='#'){     //第一次找到 f 时就改变值,并记录下标
            if(f==1){
                f=0;
                pos=i+1;
            }
            else{
    //第二次找到时将 f 下标改成初始值,并记录 pos 点到当前位置的子串
                f=1;
                ans+=s.substr(pos,i-pos);
            }
        }
    }
    cout<<ans;
    return 0;
}
```

string 的查找、替换、插入、删除

1. string 的查找

```
string s1="cat",s2="cap",s3="cap cat";
s3.find("ca");
```

在 s3 中从 0 下标开始向后查找首次“ca”出现的起始下标，此刻为 0。

```
s3.find("ca",3);
```

在 s3 中从 3 下标开始向后查找首次“ca”出现的起始下标，此刻为 4。

```
s3.rfind("ca");
```

在 s3 中从 size()－1 下标开始向前查找“ca”出现的起始下标，此刻为 4。

```
s3.find_first_of("spqtw");
```

在 s3 中从 0 下标开始向后查找首次出现 “spqtw”5 个字符中任意一个字符的起始下标，此刻为 2（‘p’出现）。

2. string 的替换

```
string s1="cat", s2="cap", s3="cap cat"
s3.replace(3,1, ",");
```

在 s3 中从 3 下标开始向后长度为 1 的串换成 “,”字符串,此刻 s3 为 “cap,cat ”。

```
s3.replace(3,4,"xxxx;;yyy", 4, 2);
```

在 s3 中从 3 下标开始向后长度为 4 的串换为“xxxx;;yyy”中从 4 下标开始长度为 2 的字符串。此刻 s3 为 “cap;;”。

3. string 的插入

```
string s1="cat", s2="cap", s3="cap cat";
s3.insert(4,"car");
```

在 s3 中 4 下标开始处插入 “car，结果 s3 为 “cap car cat”。

```
s3.insert(4,"carpenter", 4, string::npos);
```

在 s3 中 4 下标开始处插入 “carpenter”从 4 下标开始到尾部的子串。

4. string 的删除

```
s3.erase(6);
```

删除 s3 中的下标为 6 的字符和下标在 6 以后的全部字符。

进行删除操作时若括号内处出现一个数字,则该字符串这一位以及以后的全部字符都会被删除。

例题 15. 2. 3

我们把以 er、ly 或者 ing 作为最后字母的单词称为“不规范单词”。对于这种不规范的单词,我们需要将后缀部分删除掉进行规范输出,现请你写一程序进行规范输出。

输入

输入一行，包含一个单词(单词中间没有空格，每个单词最大长度为32)。

输出

输出按照题目要求处理后的单词。

输入样例

```
referer
```

输出样例

```
refer
```

解析:①由于本题的要求是删除单词后缀，因此可以从单词末尾开始看，所以要先求出单词的长度。单词是存储在string变量中的，使用size()函数来求出数组的长度。

②求出单词长度后，检查单词的后缀即末尾的三个或两个字母是否符合题目的要求。

③若单词的末尾字母符合题目的要求，则使用erase函数，将符合要求的最左侧字母的下标传参，这样可直接删除当前下标字母及其后所有字母。

参考答案:

```
#include<iostream>
using namespace std;
int main(){
    string s;
    cin>>s;     //获取字符串 s
    int len=s.size();
    if(s[len-2]=='e'&&s[len-1]=='r')
        s.erase(len-2);
    else if(s[len-2]=='l'&&s[len-1]=='y')
        s.erase(len-2);
    else if(s[len-3]=='i'&&s[len-2]=='n'&&s[len-1]=='g')
        s.erase(len-3);
    cout<<s;
    return 0;
}
```

学习笔记

学习内容:string 类型及其应用

①string 的输入:cin 以及 getline()。

②赋值、连接、比较。

③求子串、交换、求长度。

④字符串的查找、替换、插入、删除操作。

第 3 节 不确定个数的字符串输入

本节课解决不确定次数的读入问题。

string 的循环输入

过滤空格的输入：

```
string s;
while (cin>>s)
  cout<<"*"<<s<<"*"<<endl;
```

输入:a b c d

e f

输出：*a*

b

c

d

e

f

输入缓冲是行缓冲。当从键盘上输入一串字符后，这些字符会首先被送到输入缓冲区中存储。每当按下回车键后，就会检测输入缓冲区中是否有可读的数据，若有则拿走，参与程序运算。

过滤回车的输入：

```
string s;
while (getline(cin, s))
  cout<<"*"<<s<<"*"<<endl;
```

输入:a b c d

　　e f

输出:*a b c d*

　　e f

若想停止循环输入,回车后输入“ctrl+z”,再回车就可以结束了。输入“ctrl+z”再回车相当于存入缓冲区的“ctrl+z”键盘信息要被拿去参与程序运算,但此时计算机发现这并不是合法的输入,所以 cin 返回值为 EOF,即假,跳出循环。

例题 15.3.1

在一个标准的英文句子中,每个单词中间应该是用一个空格隔开,请把一个句子规范成单词之间只有一个空格的情况。

输入

输入一行,一个字符串(长度不超过 200),句子的头和尾都没有空格。

输出

过滤之后的句子。

样例输入

```
Hello     world.This is     c language.
```

样例输出

```
Hello world.This is c language.
```

解析:本题可以采用“while(cin>>s)”的方法进行输入,每当遇到空格时就停止,将已输入的字符串输出,并且在其后输出一个空格。但是这样句子最后会多一个空格,题目又要求句子头和尾均无空格,所以需要先单独处理输入的第一个字符串,即“cin>>s”,然后利用“while(cin>>temp)”把后续的字符串都读入,并连接到前一个字符串之后,字符串之间用空格相连,最后将连接的字符串整体输出即可。

参考答案:

```
#include<iostream>
#include<string>
using namespace std;
int main (){
    string  s,temp;
```

```
    cin>>s;
    while(cin>>temp){
        s=s+" "+temp;
    }
    cout<<s<<endl;
    return 0;
}
```

例题 15.3.2

输入一个完整的句子，计算这句话里面所有的单词各有多少个字母。

注意:如果有标点符号(如连字符、逗号)，标点符号算作与之相连的词的一部分。没有被空格间隔开的字符串，都算作单词。

输入

一行单词序列，最少 1 个单词，最多 300 个单词，单词之间用至少 1 个空格间隔。单词序列总长度不超过 1000。

输出

依次输出对应单词的长度，之间以逗号间隔。

样例输入

```
She was born in 1990-01-02  and  from Beijing city.
```

样例输出

```
3,3,4,2,10,3,4,7,5
```

解析:①根据题意，本题输入字符串过程中只要没有空格就一直输入，如果有标点符号，标点符号算作与之相连的词的一部分，没有被空格间隔开的字符串都算作单词。因此，我们可以使用“while(cin>>s)”来进行输入。

②遇到空格停止输入后，使用 size()函数获取当前字符串的长度，也就是单词的长度 s.size()。

③得到当前单词的长度后，输出长度“cout<<s.size()”。我们要输入的不只是一个单词，所以要将上述语句放到循环里。

④设置一个 flag，将其初值置为 false，输出第一个单词的长度后，将其置为 true，之后输出时都先输出一个“,”隔开。

参考答案：

```
#include<iostream>
#include<string>
using namespace std;
int main(){
    string s;
    bool flag=false;
    while(cin>>s){
        if(!flag){
            cout<<s.length();
            flag=true;
        }
        else {
            cout<<','<<s.length();
        }
    }
    return 0;
}
```

例题 15.3.3

很多人觉得对于一个单词来说，太长或者太短都不符合审美，所以要尽可能地去更换掉。对于输入的一行句子(不多于 200 个单词，每个单词长度不超过 100)，只包含字母、空格。

单词由至少一个连续的字母构成，空格是单词间的间隔。请你找出这里面第一个最长的和最短的单词并输出。

输入

一行句子。

输出

两行输出：

第一行，第一个最长的单词。

第二行，第一个最短的单词。

样例输入

```
I am studying Programming language C in Peking University
```

样例输出

```
Programming
I
```

提示:如果所有单词长度相同,那么第一个单词既是最长单词也是最短单词。

解析:①根据题意,本题输入字符串过程中只要没有空格就一直输入,有空格时停止输入,因此我们可以使用“while(cin>>s)”来进行输入。

②对于每次输入的字符串,都使用 size()函数求出它的长度,并将其存储到整型变量中。

③判断字符串的长度,即当前单词的长度是否大于最大值 max,若大于 max,则更新 max 的值,并且将当前的单词赋值给当前的字符串变量 max1。

④判断字符串的长度,即当前单词的长度是否小于最小值 min,若小于 min,则更新 min 的值,并且将当前的单词赋值给当前的字符串变量 min1。

参考答案:

```
#include<iostream>
#include<string>
using namespace std;
int main(){
    string s,max1,min1;
    int max=0,min=100;
    while(cin>>s){
      if(s.size()>max){
        max=s.length();
        max1=s;
      }
      if(s.size()<min){
        min=s.length();
        min1=s;
      }
    }
    cout<<max1<<endl<<min1<<endl;
    return 0;
}
```

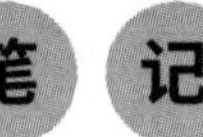

学习笔记

学习内容:string 类型不确定次数的读入

推荐采用“`while(getline(cin,s))`”或“`while(cin>>s)`”的形式,若想停止循环输入,回车后输入“ctrl+z”,再回车就可以了。

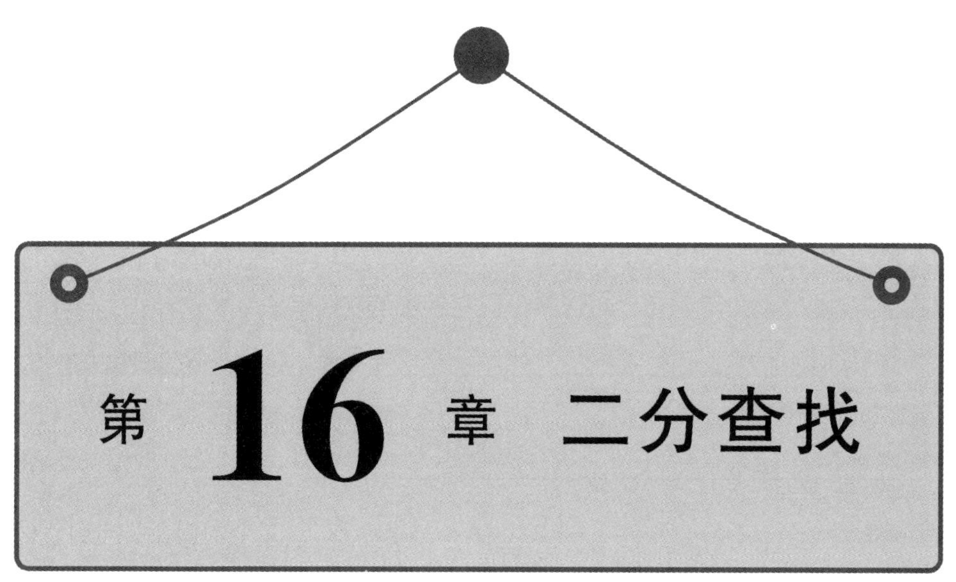

第 16 章 二分查找

现在想请同学们回想一下，对于一组数据，我们如果想从里面找到一个特定的数应该怎么办？同学们的第一反应很可能是遍历这个数组，直到在数组里面找到特定值，我们就可以返回并输出了，否则就需要从第一个元素遍历到最后一个。这种方法简单粗暴，对于数量级小的数据还是很实用的。但是，设想这组数据有 10 万、20 万、30 万甚至是 40 亿个数据，那怎么办？简直不敢想象那将会花费多长时间！那有没有更好的方法呢？我们接下来就学习一种新的查找方法——二分查找。

二分查找的引入

在讲解什么是二分查找方法之前，我们先从生活中的实际讲起。在生活中，同学们应该都遇到过不认识的英文单词，而恰好手中有一本英文词典，那我们可以使用这本词典来查找这个单词。那么，如何去查找呢？

大部分同学会从中间开始翻，比如字母 m，如果要查找的单词首字母在 m 后面，那么就会去后半部分寻找，如果在 m 的前面，那就会去前半部分寻找。然后重复这个过程，直到我们找到这个单词首字母的区域。

还有一个例子，同学们可能玩过一个叫做“猜数字”的游戏，裁判给出一个数字让同学们去猜，裁判根据同学们给出的答案会有三种可能的回答：大了、小了、猜对了。同学们会根据裁判的回答改变自己猜测数字的范围，只要每次询问区间的正中间，无论反馈哪种结果，都能使存在答案的区间长度减半。

我们就把这种查找的方法叫作“二分查找”。

二分查找

1. 二分查找的概念

二分查找算法也称为“折半查找”，是一种在有序数组中查找某一特定元素的搜索算法。这种算法是建立在有序数组基础上的。

2. 算法思想

在一个单调有序(递增或递减)的区间[a1，an]中查找元素 x，每次将区间分为左右长度相等的两部分，判断解在哪个区间中并调整区间上下界，重复直至找到 x。

3. 算法实现步骤

①如在一个区间内找特定值 x，则需要定义 L 为下限值，R 为上限值，mid 为每次找的

中间值位置。每次 mid 值取(L+R)/2。

②判断当前 mid 值比特定 x 大还是小。如果相等即找到了该元素,如果不相等需要确定新的查找区间,继续进行二分查找。

确定新区间的方法具体如下:

a. x>mid 值:如果是在一个递增的序列中,那么调整区间到[mid+1,R],新的 L 等于 mid+1;如果是在一个递减的序列中,那么调整区间到[L,mid−1],新的 R 等于 mid−1。

b. x<mid 值:如果是在一个递增的序列中,那么调整区间到[L,mid−1],新的 R 等于 mid−1;如果是在一个递减的序列中,那么调整区间到[mid+1,R],新的 L 等于 mid+1。

例题 16.1.1

以单调递增的序列 7,10,21,25,43,46,57,57,65,78,90 为例,使用二分查找的方法查找数字 25 的位置。

7	10	21	25	43	46	57	57	65	78	90
1	2	3	4	5	6	7	8	9	10	11

解析:①找到当前数组的下限 L=1,上限 R=11,mid=(L+R)/2=6。先查找中间数 a[mid]为 46。

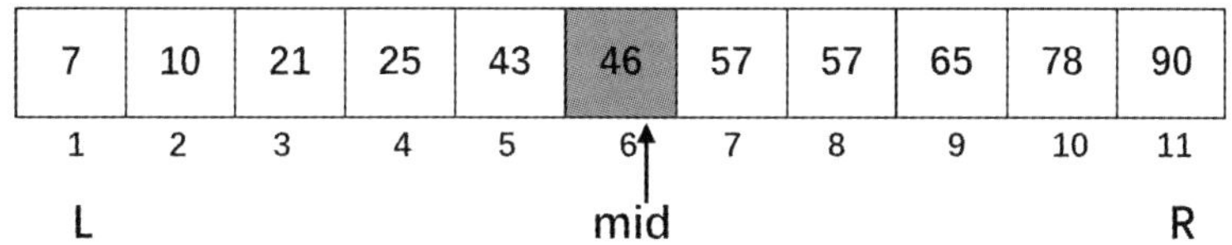

②特定值 25 与 46 比较大小,发现 25<46,因此要继续查找,新的查找区间:L=1,R=5,mid=(L+R)/2=3。找到 a[mid]为 21。

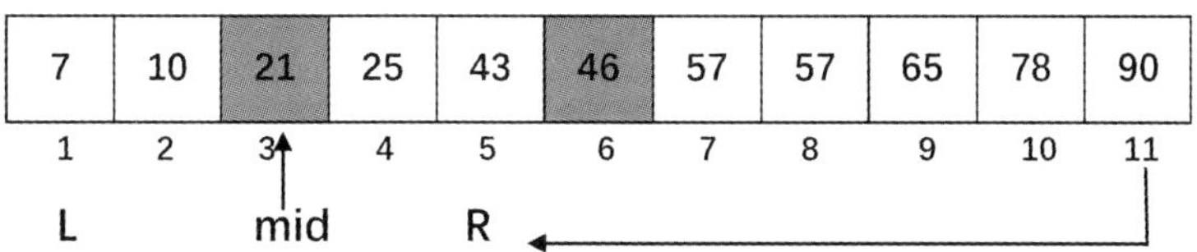

③特定值 25 与 21 比较大小,发现 25>21,因此要继续查找,新的查找区间:L=4,R=5, mid=(L+R)/2=4。找到 a[mid]为 25。到此,我们找到了数字 25 的位置。

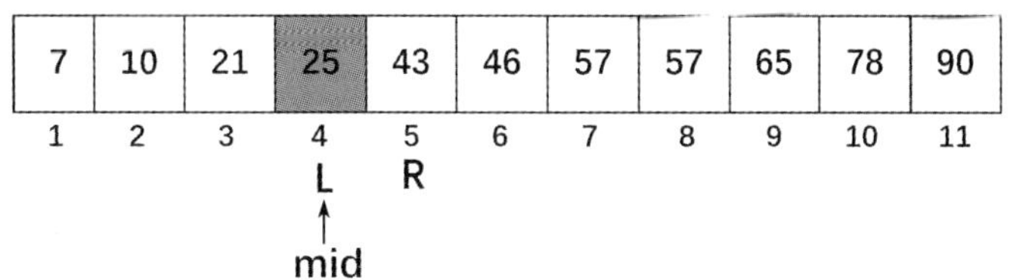

例题 16.1.2

在一个单调递增的序列中，使用二分查找。请填写相应位置的代码。

```
//将 n 个数存放到 a 数组中，在 a 中找 k 的下标
int find(int a[],int k){
    int L,R,mid;
    L=1;
    R=n;
    while (L<R) {
        mid =(L+R)/2;
        if (a[mid]==k) return mid;
        else if (a[mid]>k) _______;      //改变上限
        else _______;     //改变下限
    }
    return -1;
}
```

参考答案：

R=mid-1　L=mid+1

上述 while 循环常常直接写在程序中。二分查找常用在一些抽象的场合，但是二分的思想仍然适用。同学们目前只需要理解二分查找的思想，后面我们还会深入学习。

例题 16.1.3

在一个单调递增的 a 数组内找 k，当中间值 a[mid]<k 时，则 L 变为________；当中间值 a[mid]>k 时，则 R 变为________；当________时，说明找到了 k。

参考答案：

mid＋1　mid－1　a[mid]＝＝k

学   记

学习内容：二分查找实现步骤、二分查找示例代码

1. **二分查找实现步骤**

①如在一个区间内找特定值 x，则需要定义 L 为下限值，R 为上限值，mid 为每次找的中间值位置。每次 mid 值取(L+R)/2。

②判断当前 mid 值比特定 x 大还是小。如果相等即找到了该元素，如果不相等需要确定新的查找区间，继续进行二分查找。

确定新区间的方法具体如下：

a. x>mid 值：如果是在一个递增的序列中，那么调整区间到[mid+1,R]，新的 L 等于 mid+1；如果是在一个递减的序列中，那么调整区间到[L,mid−1]，新的 R 等于 mid−1。

b. x<mid 值：如果是在一个递增的序列中，那么调整区间到[L,mid−1]，新的 R 等于 mid−1；如果是在一个递减的序列中，那么调整区间到[mid+1,R]，新的 L 等于 mid+1。

2. **二分查找示例代码**

```
int find(int a[],int k){
    int L,R,mid;
    L=1;
    R=n;
    while (L<R) {
        mid =(L+R)/2;
        if (a[mid]==k) return mid;
        else if (a[mid]>k) R=mid-1;     //改变上限
        else L=mid+1;     //改变下限
    }
    return -1;
}
```

第17章 指针与sort函数

编程课堂

走，我们去上课吧！

好的！

小可

达达

第 1 节 指 针

指针也是一种数据类型，比如前面我们接触的：

```
int a;    //a 记录的是整数
double b;    //b 记录的是小数
char c;    //c 记录的是字符
int d[10];    //d 是一个整型的数组，包含 10 个整数变量
……
```

指针记录的是什么样的数据呢？其实是地址。

在现实中，每个地点都有具体的地址，比如泺源大街 69 号，就是泉城广场的地址，而程序的数据存放在内存中，数据在内存中的位置就是数据的地址。

指 针

在计算机中，程序的数据都是存放在内存中的，而地址用来标识每一个存储单元，方便用户对存储单元中的数据进行正确的访问。在 C++中，地址被形象地称为“指针”，如图 17-1-1 所示。

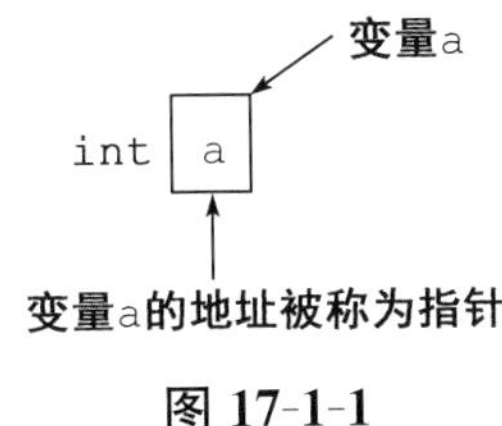

图 17-1-1

指针其实是一个变量的地址，指针变量是专门存放指针的变量（存储的内容是地址），如图 17-1-2 所示。

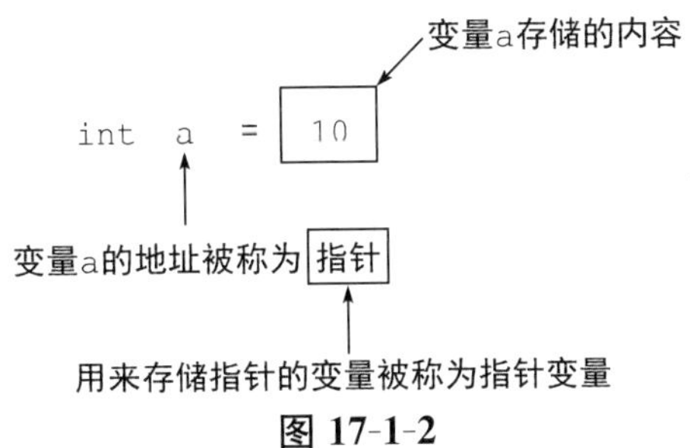

图 17-1-2

指针变量

1. 指针变量

指针变量的定义和其他类型变量的定义很类似。指针变量的定义格式如下：

类型名 * 指针变量名

其中，“＊”表明此变量为指针变量，类型名表示指针变量所存地址指向变量的数据类型。

在图 17-1-3 中，指针变量名是“p1”“p2”，不是“＊p1”“＊p2”。“＊”可理解为指针变量的标识符。指针变量只能指向定义时所规定类型的变量。指针变量定义后，变量值不确定，使用前必须先赋值。

```
int *p1, *p2;
char c, *ch;
float f1,f2, *p;
```

图 17-1-3

指针变量的赋值有两种方式。

①先定义变量，再赋值(见图 17-1-4)。

图 17-1-4

②定义变量的同时进行赋值(见图 17-1-5)。

```
int a=3, *p=&a;
```

图 17-1-5

需要注意的是，只能对同类型变量的地址进行赋值，图 17-1-6 的赋值方式是不正确的。

```
int *p;
float a;
p=&a;
```

图 17-1-6

2. 指针的有关运算符

"&":取地址运算符,例如"&a"表示取变量 a 的地址。

"*":指针运算符(取内容运算符),例如"*p"表示取 p 所指向的变量(见图 17-1-7)。

```
int a,*p,b;
p=&a;
b=3;
*p=b;
```

图 17-1-7

其中"p=&a;"的操作是将变量 a 的地址赋给指针变量 p;"*p"表示取 p 所指向的变量,即变量 a;"*p=b"的操作是将变量 b 的值赋给变量 a。

3. 指针变量的使用

```
int a,*p1,*p2;
p1=&a;
p2=p1;
*p1=3;
printf("%d",*p2);
```

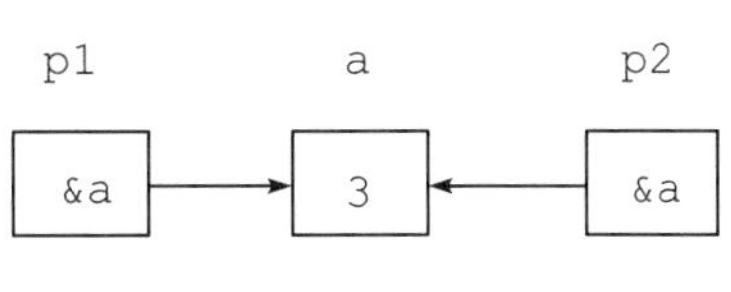

图 17-1-8

两个指针变量交换指向如图 17-1-9 所示。

```
#include<iostream>
int main(){
    int a1=11,a2=22;
    int *p1,*p2,*p;
    p1=&a1;
    p2=&a2;
    printf("%d,%d\n",*p2,*p2);
    p=p1;p1=p2;p2=p;
    printf("%d,%d\n",*p2,*p2);
```

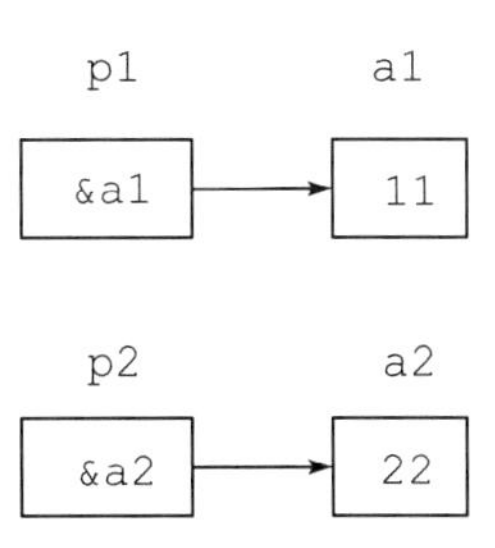

图 17-1-9

程序"p=p1;p1=p2;p2=p;"的作用是改变两个指针变量里的内容,即交换两个指针变量,最终结果如下:指针 p1 指向 a2,指针 p2 指向 a1(见图 17-1-10)。

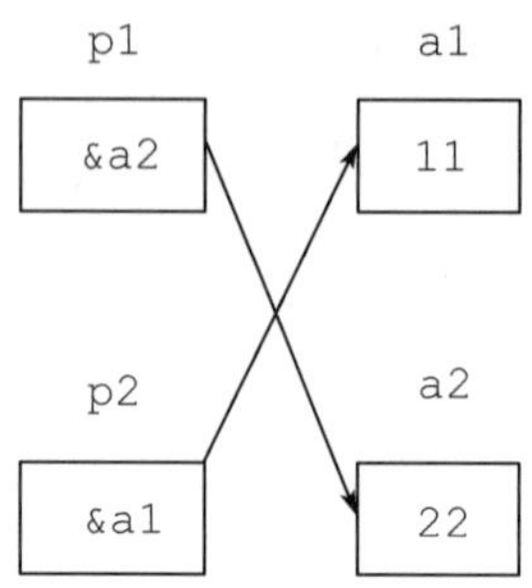

图 17-1-10

交换两个指针变量所指向的变量的值(见图 17-1-11)

```
#include<iostream>
    int main(){
    int  a1=11,a2=22,t;
    int *p1, *p2;
    p1=&a1;
    p2=&a2;
    printf("%d,%d\n",a1,a2);
    t=*p1; *p1=*p2; *p2=t;
    printf("%d,%d\n",a1,a2);
```

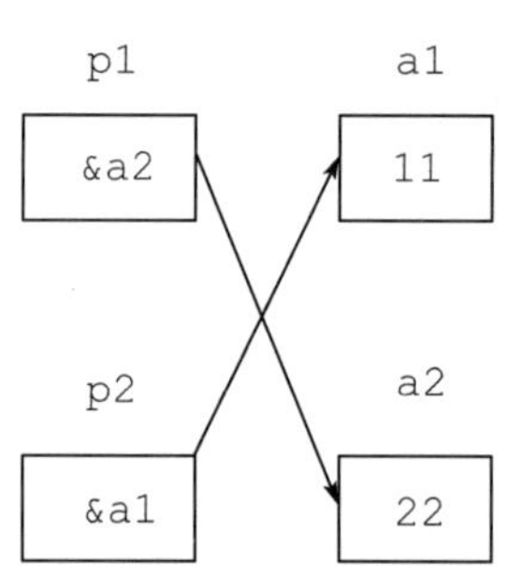

图 17-1-11

程序“t=*p1; *p1=*p2; *p2=t;”的作用是改变两个指针变量所指向的变量的值，最终结果如下:指针 p1 指向变量的值为 22,指针 p2 指向变量的值为 11。这个过程也相当于直接交换 a1 和 a2 两个变量的值:“t=a1;a1=a2;a2=t”(见图 17-1-12)。

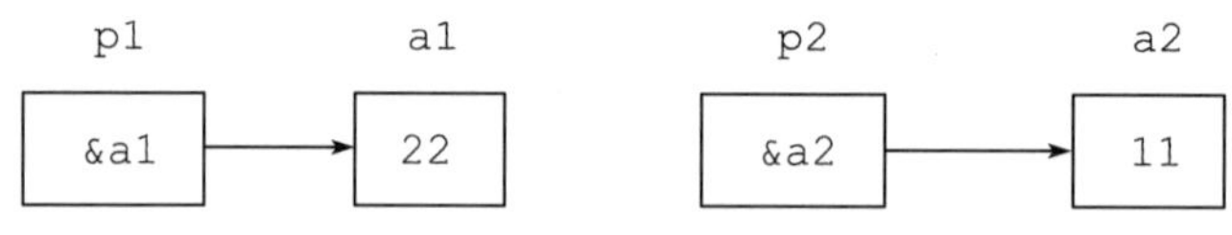

图 17-1-12

动手练习

【练习 17.1.1】

题目描述

小试牛刀,根据本节所学知识进行填空。

①指针实际上是一个______。

②指针变量存储的是______。

③取地址运算符是______,取内容运算符是______。

小可的答案

①地址

②指针

③& *

学习内容:指针概念、指针的使用

1. **指针概念**

计算机中的数据是存储在内存中的,内存地址标识每一个单元。在C++中,我们将地址称为"指针",指针变量用来存储指针的变量。

2. **指针的使用**

①定义指针变量:

类型名 * 指针变量名

类型名为指向的变量的数据类型。

②"int *p1, *p2";指针变量名是p1,p2,定义后变量值不确定,使用前先赋值。

③指针变量的赋值:"int a=3, *p; p=&a;"。

同类型变量的地址才能赋值。

④"&":取地址运算符。

"*":指针运算符(取内容运算符)。

⑤"p1= p2",将p2的地址给p1;"*p1= *p2",将p2指向变量的值给p1指向的变量。

第 2 节　sort 函数

之前学过桶排序、选择排序、冒泡排序以及直接插入排序等多种方法，现在有一个新的排序函数，可以省去循环遍历并比较的过程，非常简便，那就是 sort 函数。接下来让我们揭开 sort 函数的神秘面纱吧！

 sort 函数

sort()是实现排序的函数，它的作用类似于我们学习的冒泡排序和选择排序，可以对多个数据进行排序。

1. sort 函数基本格式

```
sort(首元素地址,尾元素地址的下一个地址);
```

默认是从小到大的排序，使用时必须添加头文件“#include<algorithm>”，如图 17-2-1 所示。

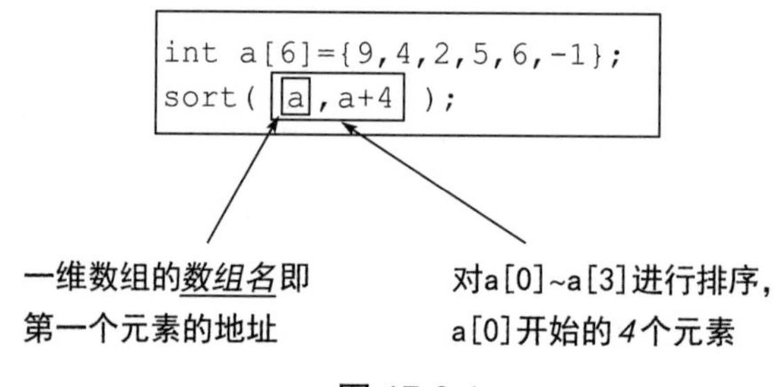

图 17-2-1

2. sort 函数对一维数组元素排序

我们可以利用 sort()对一维数组中的 n 个元素进行排序。

①一维数组元素从下标 0 开始存储，即从 a[0]开始存储，对 a[0]开始的 n 个元素 a[0]→a[n－1]进行排序(见图 17-2-2)。

```
sort(a,a+n);
```

图 17-2-2

②一维数组元素从下标 1 开始存储，即从 a[1]开始存储，对 a[1]开始的 n 个元素 a[1]→a[n]进行排序(见图 17-2-3)。

```
sort (a+1,a+n+1);
```

图 17-2-3

例题 17.2.1

定义一个大小为 1000 的数组，先输入一个 n(0<n<1000)，然后输入 n 个元素，按照从小到大排序后输出每一个元素。

解析：首先利用数组将数组，存储后，调用 sort 函数，实现从小到大的排序，最终将排好序的数据输出。

参考答案：

```
#include<iostream>
#include<algorithm>
usingnamespacestd;
int main(){
    int n,a[1001];
    cin>>n;
    for(int i=1;i<=n;i++){
        cin>>a[i];
    }
    sort(a+1,a+n+1);
    for(int i=1;i<=n;i++){
        cout<<a[i]<<" ";
    }
    return 0;
}
```

学 习 笔 记

学习内容：sort 函数

①sort 函数为实现排序的函数，类似于冒泡排序和选择排序，可以对多个数据进行排序。

②格式：sort(首元素地址，尾元素地址的下一个地址)。

③使用时添加头文件“#include<algorithm>”。

编程课堂

走，我们去上课吧！

好的！

小可

达达

第 1 节　结构体与结构体数组

现在如果需要存储小可的数学成绩(整数),应该怎么办?

一个整型变量:int math=90;

那如果需要存储小可的数学、语文、英语等五门成绩呢?

一个整型数组:int score[5]={90,91,89,95,85};

那如果需要存储小可的姓名、综合评价和五门成绩呢?此时需要的变量(数组)比较多,我们一起来分析一下吧!

如果要存储小可的姓名、综合评价和五门成绩,需要:

一个字符串存储姓名:string name="xiaoke";

一个字符变量存储综合评价:char eva='A';

一个整型数组:int score[5]={90,91,89,95,85};

那如果交换某两个学生的信息,需要定义多个中间变量,比较麻烦,有没有一种结构可以同时存储多种不同的数据呢?有,那就是结构体类型,我们来看一下结构体类型到底是什么吧!

结构体类型

结构体类型是将一组不同类型的数据组织在一起形成的一种新的数据类型。

结构体类型的每个变量(数组)称为结构体类型的“成员”。

定义语句的格式为:

```
struct 结构体名 {
    数据类型 1  成员名 1;
    数据类型 2  成员名 2;
    …;
    数据类型 n  成员名 n;
};
```

示例如图 18-1-1 所示。

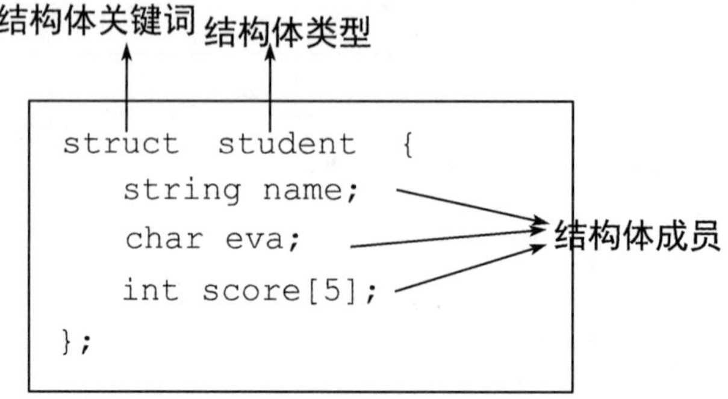

图 18-1-1

每个结构体类型需要包含的数据类型的种类和数量都需要根据实际情况来确定，因此，在定义结构体变量之前需要先定义结构体类型。

结构体类型：结构体类型的作用是在声明结构体变量之前先说明声明的是哪种类型的结构体，它的作用类似于 int、float。

结构体成员：结构体成员其实就是根据实际情况放入到声明的结构体类型中各种常见数据类型的变量（数组）。

结构体关键词：struct 是 C/C++中有关结构体的关键词，将它放置在程序中，表示在放置位置将定义一个结构体类型。

结构体类型的作用域：类似于变量的作用域。

结构体变量

当确定好结构体类型之后，就可以进行结构体变量的定义了。

1. 结构体变量的定义

①先定义结构体类型（变量类型），再定义结构体变量（变量名）。

```
struct student {
    string name;
    char eva;
    int score[5];
};     //分号必须要加
int main() {
    student a,b,c;
}
```

②定义结构体类型的同时，定义结构体变量。

```
struct student {
    string name;
    char eva;
    int score[5];
}a,b,c;      //分号必须要加
int main(){
    ……
}
```

③直接定义结构体变量。

```
struct{
    string name;
    char eva;
    int score[5];
}a,b,c;      //分号必须要加
int main(){
    ……
}
```

2.结构体变量的初始化

数组的初始化是对数组中元素的初始化，而结构体变量的初始化实际上是对结构体变量中的成员变量的初始化，按照结构体成员定义的顺序依次初始化即可（每个成员按照对应格式初始化，中间用“,”隔开），可以在主函数里定义结构体变量并进行初始化。

```
struct student{
    string name;
    char eva;
    int score[5];
};
int main(){
    student a={"xiaoke",'A',95};
}
```

也可以在定义结构体变量的同时直接初始化。

```
struct student{
    string name;
    char eva;
    int score[5];
}a={"xiaoke",'A',95};
int main(){
    ……
}
```

3. 结构体变量的使用

①若两个结构体变量的结构体类型相同，允许将一个结构体变量直接赋值给另一个具有相同结构的结构体变量，可直接用"="赋值。

```
struct student{
    string name;
    char eva;
    int math;
}a={"xiaoke",'A',95};
int main(){
    student t,b={"coduck",'A',85};
    t=a;
    a=b;
    b=t;
    ……
}
```

②不能将一个结构体变量作为一个整体进行输入或输出。

```
struct student{
    string name;
    char eva;
    int math;
}a={"xiaoke",'A',95};
int main(){
    cout<<a;
}
```

③只能对结构体变量中的各个成员分别输入或输出，或进行其他操作。

```
struct student{
    string name;
    char eva;
    int math;
}a;
int main(){
    cin>>a.name;
    cin>>a.eva;
    cin>>a.math;
    cout<<a.name<<a.eva<<a.math;
}
```

按照成员对应数据类型的要求进行相应输入、输出、赋值等操作即可。

```
struct student{
    string name;
    char eva;
    int math;
}a;
int main(){
    getline(cin,a.name);
    a.eva=getchar();
    cin>>a.math;
    a.math+=60;
    cout<<a.name<<a.eva<<a.math;
}
```

动手练习

【练习 18.1.1】

题目描述

给出三名同学的信息(姓名、综合评价、语文成绩、数学成绩)，比较三人的总成绩，输出总成绩最高的同学的信息。

输入

输入三行，分别是三位同学的信息（姓名、综合评价、语文成绩、数学成绩），每项内容之间用一个空格隔开，其中姓名不包含空格，综合评价是 A～E 之间的字母。

输出

输出一行，总成绩最高的同学的信息。

样例输入

```
xiaoke B 75 80
coudck A 85 90
dada C 65 70
```

样例输出

```
coudck A 85 90
```

小可的答案

分析：

利用结构体类型将一个学生的基本信息存储起来，求出每个学生的总成绩，比较出三个总成绩的最大值，并记录当前最高成绩的学生信息，最终输出即可。

```
#include<iostream>
#include<string>
using namespace std;
struct student{
  string name;
  int math,Chinese;
  char eva;
}a,b,c,m;
int main(){
  int sum1,sum2,sum3;
  cin>>a.name>>a.eva>>a.Chinese>>a.math;
  sum1=a.math+a.Chinese;
  cin>>b.name>>b.eva>>b.Chinese>>b.math;
  sum2=b.math+ b.Chinese;
  cin>>c.name>>c.eva>>c.Chinese>>c.math;
```

```
    sum3=c.math+c.Chinese;
    if(sum1>sum2&&sum1>sum3) m=a;
    if(sum2>sum1&&sum2>sum3) m=b;
    if(sum3>sum1&&sum3>sum2) m=c;
    cout<<m.name<<" "<<m.eva<<" "<<m.Chinese<<" "<<m.math;
    return 0;
}
```

回到刚才问题，如果现在不仅需要存储小可的信息，还需要存储全班 20 位同学的信息，应该怎么办呢？像 int、float 等数据类型一样，我们可以声明结构体类型的数组。

结构体数组

1. 结构体数组的定义

定义有 3 种方法，与结构体变量类似。

①先定义结构体类型，再定义结构体数组。

例如：

```
struct student{
    string name;
    char eva;
    int score[5];
};
int main(){
    student stu[20];
}
```

② 在定义结构体类型的同时定义结构体数组。

例如：

```
struct student{
    string name;
    char eva;
    int score[5];
}stu[20];
int main(){
    ……
}
```

③直接定义结构体数组。

例如：

```
struct{
    string name;
    char eva;
    int score[5];
}stu[20];
int main(){
    ……
}
```

2.结构体数组的初始化

初始化是将一组结构体数据存储在结构体数组的过程，实际上就是对数组内每个结构体元素初始化。

```
struct student{
    string name;
    char eva;
    int math;
};
int main(){
    student a[3]={{"xiaoke",'A',95},
        {"coduck",'A',90},
        {"data",'B',76}};
}
```

3. 结构体数组元素的使用

结构体数组元素类似于一个结构体变量，因此使用方式基本与结构体变量一致，只能对结构体数组元素的成员进行输入、输出或其他基本操作。

```
struct{
    string name;
    char eva;
    int score[5],sum;
}a[100];
int main(){
    int n;
    cin>>n;
    for(int i=1;i<=n;i++){
        cin>>a[i].name>>a[i].eva;
        for(int j=1;j<=4;j++){
            cin>>a[i].score[j];
            a[i].sum+=a[i].score[j];
        }
    }
}
```

学习笔记

学习内容：结构体定义、结构体变量定义、结构体相关操作

1. 结构体定义

结构体是由一批数据组合而成的一种新的数据类型，组成结构体类型的每个变量(数组)称为结构体类型的“成员”。

2. 结构体变量的定义

```
struct student{     //结构体关键词  结构体类型
    string name;    //结构体成员
    char eva;
    int score[5];
}a,b,c;      //分号必须加,a,b,c 为结构体变量名
```

3. 结构体相关操作

结构体变量的初始化、结构体变量的赋值、结构体变量的输入输出、结构体数组的定义初始化及使用。

动手练习

【练习 18.1.2】

题目描述

①组成结构体类型的每个变量(数组)称为结构体类型的________

②可以直接对一个结构体变量进行输入和输出。

A. 正确　　　　　　　　B. 错误

③结构体变量声明的三种方式分别是

____

____

____

小可的答案

①成员

②B

③先声明结构体类型再声明结构体变量；声明结构体类型的同时声明结构体变量；直接声明结构体变量。

第 2 节 sort-cmp 与结构体 sort

现在同学们已经熟知 sort 函数可以实现一些数据的排序，而且排序默认是从小到大的顺序，那能不能使用 sort 实现数据从大到小的排序呢？其实是可以实现的，只不过需要对 sort 函数加以改变。

 sort-cmp

sort 函数可以实现从大到小或者其他排序规则的排序，但是要更改 sort 函数的写法：

```
sort(首元素地址,尾元素地址的下一个地址,比较函数)
```

比较函数一般定义为 cmp 函数。cmp 函数有两个参数，两个参数的顺序会根据 cmp 函数的返回值发生改变。若 cmp 函数返回值为 1，则两参数顺序不变；若返回值为 0，则交换两参数的顺序（见图 18-2-1）。

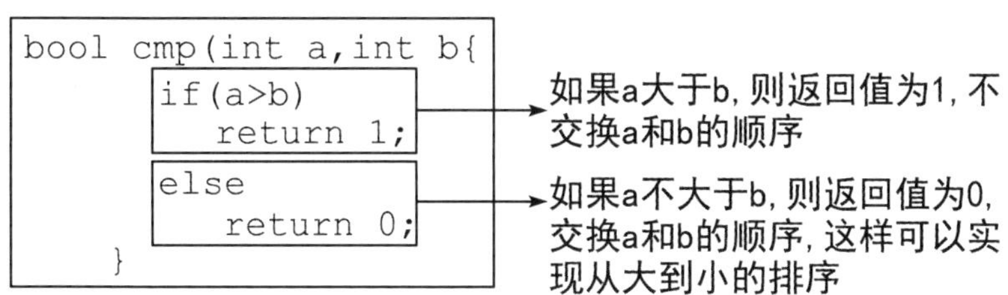

图 18-2-1

其实，cmp 比较函数还可以简化，直接返回表达式 a>b 的结果。表达式 a>b 成立，返回真，即 1，不交换 a 和 b 的顺序；表达式 a>b 不成立，返回假，即 0，交换 a 和 b 的顺序。

```
bool cmp(int a,int b){
    return a>b;
}
```

定义一个大小为 1005 的数组，然后输入 1000 个元素，按从大到小排序后输出每一个元素，利用 sort 函数实现。

```
#include<iostream>
#include<algorithm>
using namespace std;
bool cmp(int a,int b){
    return a>b;
}
int main(){
    int a[1005];
    for(int i=1;i<=1000;i++){
      cin>>a[i];
    }
    sort(a+1,a+1001,cmp);
    for(int i=1;i<=1000;i++){
      cout<<a[i]<<"  ";
    }
    return 0;
}
```

动手练习

【练习 18. 2. 1】

题目描述

①从一个数组下标 0 开始对 10 个数按照从小到大排序________

②sort 函数要实现其他排序规则的排序，可以通过更改 sort 函数的写法来实现。

A. 正确　　　　B. 错误

③sort(首元素地址，尾元素地址的下一个地址，________)

④从大到小的比较函数的写法为：

```
bool cmp(int a,int b){
  ________
}
```

小可的答案

①`sort(a,a+10)`　②A　③比较函数　④`return a>b;`

【练习 18.2.2】

题目描述

巅峰小学举行 1 分钟跳绳比赛，n 人一组。试编写一程序，输入小组内同学的跳绳次数，按次数由多到少的顺序输出。

输入

第一行为 n(n≤100)。第二行为 n 个正整数，其间用空格间隔。

输出

输出一行，由多到少的排序结果。

样例输入

```
5
126 80 98 158 204
```

样例输出

```
204 158 126 98 80
```

小可的答案

```
#include<iostream>
#include<algorithm>
using namespace std;
bool cmp(int a,int b){
    return a>b;
}
int main(){
    int n,a[105];
    cin>>n;
    for(int i=1;i<=n;i++){
        cin>>a[i];
    }
    sort(a+1,a+n+1,cmp);
    for(int i=1;i<=n;i++){
        cout<<a[i]<<"  ";
    }
    return 0;
}
```

关注“小可学编程”微信公众号，
获取答案解析和更多编程练习。

结构体 sort

一般来说，对结构体数组进行排序时，是按照其中某个结构体对象的值从大到小或者从小到大的顺序来排序的，所以无法直接使用 sort 函数对结构体数组排序。

```
struct student{
    string id;
    double num;
}stu[101];
int main(){
    int m,n;
    cin>>m;
    for(int i=0;i<m;i++){
        cin>>stu[i].id>>stu[i].num;
    }
    sort(stu,stu+m);
}
```

若需要使用 sort 函数对结构体数组进行排序，则需要明确结构体数组的排序规则，根据排序相关的结构体对象的排序要求定义 cmp 函数，才能正确完成排序。

```
struct 结构体类型名{
    结构体对象 1;
    结构体对象 2;
    排序相关结构体对象;
    …
}结构体数组;
bool cmp(结构体类型名 a,结构体类型名 b){
    if(a.排序相关结构体对象>b.排序相关结构体对象)
        return 1;
    else
        return 0;
}
```

若输入 5 个学生的姓名、语文成绩和综合评价，按照语文成绩从高到低对学生信息排序并输出。

①根据上述信息可以构筑出一个包含一个字符串变量、一个字符变量以及一个整型变量的结构体 student。

```
struct student{
    string name;
    int score;
    char eva;
}stu[10];
```

②本次的排序不再是对整型数组中的元素排序，而是对结构体数组中的元素排序，因此 cmp 的传入值应该为两个 student 类型的结构体变量。

```
struct student{
    string name;
    int score;
    char eva;
}stu[10];
bool cmp(student a,student b){
    ......
}
```

③因为本次的排序需要按照语文成绩进行，因此 cmp 函数内进行大小判断的对象应该是 student 结构体的 score 成员。

```
struct student{
    string name;
    int score;
    char eva;
}stu[10];
```

```
bool cmp(student a,student b){
    if(a.score> b.score) return 1;
    else return 0;
}
```

④最终在主函数中进行结构体的输入以及 sort 函数的调用即可。

```
int main(){
    for(int i=1;i<=5;i++)
        cin>>stu[i].name>>stu[i].score>>stu[i].eva;
    sort(stu+1,stu+6,cmp);
    ……
}
```

完整的核心代码如下：

```
struct student{
    string name;
    int score;
    char eva;
}stu[10];
bool cmp(student a,student b){
    if(a.score>b.score) return 1;
    else return 0;
}
int main(){
    for(int i=1;i<=5;i++)
        cin>>stu[i].name>>stu[i].score>>stu[i].eva;
    sort(stu+1,stu+6,cmp);
    for(int i=1;i<=5;i++)
        cout<<stu[i].name<<"  "<<stu[i].score<<"  "<<stu[i].
eva<<endl;
}
```

动手练习

【练习 18.2.3】

题目描述

①对结构体数组进行排序时，无法直接使用 sort 函数对结构体数组排序。

A. 正确　　　　B. 错误

②对结构体数组进行排序可以直接这样写 sort(stu,stu＋m)。

A. 正确　　　　B. 错误

③若想对结构体数组进行排序，我们应该怎么做？

A. 根本做不到

B. 根据排序相关的结构体对象的排序要求定义 cmp 函数

C. 用冒泡排序直接对结构体数组排序

D. 用选择排序直接对结构体数组排序

小可的答案

①A　②B　③B

【练习 18.2.4】

题目描述

考试结束后，同学们的成绩都不一样，知道了学生的考号以及分数后，找出谁是第 n 名。

输入

第一行有两个整数，分别是学生的人数 m(1≤m≤100)和求第 n 名学生的 n(1≤n≤m)。

其后有 m 行数据，每行包括一个学号(整数)和一个成绩(浮点数)，中间用一个空格分隔。

输出

输出第 n 名学生的学号和成绩，中间用空格分隔。

样例输入

```
5 3
90788001 67.8
90788002 90.3
90788003 61
90788004 68.4
90788005 73.9
```

样例输出

```
90788004 68.4
```

小可的答案

分析：

利用结构体数组将多名学生信息进行存储，根据排序规则定义 cmp 函数，调用 sort 函数最终实现按分数从大到小排序，输出第 n 名学生信息即可。

```
#include<iostream>
#include<algorithm>
using namespace std;
struct stu{
    int id;       //学号 整数
    double score;      //成绩 浮点数
}a[105];
bool cmp(stu a,stu b){
    if(a.score>b.score){
      return 1;
    }else{
      return 0;
    }
}
int main(){
    int n,m;
    cin>>m>>n;
    for(int i=1;i<=m;i++){
      cin>>a[i].id>>a[i].score;
    }
    sort(a+1,a+m+1,cmp);
    cout<<a[n].id<<"  "<<a[n].score<<endl;
    return 0;
}
```

关注“小可学编程”微信公众号，
获取答案解析和更多编程练习。

sort 在多规则排序中的应用

很多排序题目的排序规则不止一条，此时需要根据排序规则之间的先后关系来编写 cmp 函数。比如输入 5 名同学的语文、数学成绩，按照总分从高到低排序，若总分相等则按照语文成绩从高到低排序，若总分、语文成绩都相等则按照数学成绩从高到低排序。

首先可以根据给出的信息定义相关的结构体数据类型。

```
struct student{
    int Chinese;     //存储语文成绩
    int math;      //存储数学成绩
    int sum;     //存储总分
}stu[10];
```

根据题意可将排序规则拆分成三条，三条规则需从前往后依次判断。

①根据总分从高到低进行排序。

②若总分相等按语文成绩从高到低排序。

③若总分和语文成绩都相等按数学成绩从高到低排序。

比较函数要根据三条规则的先后来编写，首先根据总分从高到低进行排序。

```
bool cmp(student a,student b){
    if(a.sum>b.sum) return 1;
    else if(a.sum==b.sum){
    //进行规则②的判断
    }else return 0;
}
```

若总分相等按语文成绩从高到低排序。

```
bool cmp(student a,student b){
    if(a.sum>b.sum) return 1;
    else if(a.sum==b.sum){
        if(a.Chinese>b.Chinese) return 1;
        else if(a.Chinese==b.Chinese){
    //进行规则③的判断
        }else return 0;
    }else return 0;
}
```

若总分和语文成绩都相等按数学成绩从高到低排序。

```
bool cmp(student a,student b){
    if(a.sum>b.sum) return 1;
    else if(a.sum==b.sum){
        if(a.Chinese>b.Chinese) return 1;
        else if(a.Chinese==b.Chinese){
            if(a.math>b.math) return 1;
            else return 0;
        }else return 0;
    }else return 0;
}
```

完整的核心代码实现如下：

```
struct student{
    int Chinese;     //存储语文成绩
    int math;     //存储数学成绩
    int sum;     //存储总分
}stu[10];
bool cmp(student a,student b){
    if(a.sum>b.sum) return 1;
```

```
    else if(a.sum==b.sum){
        if(a.Chinese>b.Chinese) return 1;
        else if(a.Chinese==b.Chinese){
            if(a.math>b.math) return 1;
            else return 0;
        }else return 0;
    }
    else return 0;
}
int main(){
    for(int i=1;i<=5;i++){
        cin>>stu[i].Chinese>>stu[i].math;
        stu[i].sum=stu[i].Chinese+stu[i].math;
    }
    sort(stu+1,stu+6,cmp)
    for(int i=1;i<= 5;i++){
        cout<<stu[i].Chinese<<" ";
        cout<<stu[i].math<<" ";
        cout<<stu[i].sum<<endl;
    }
}
```

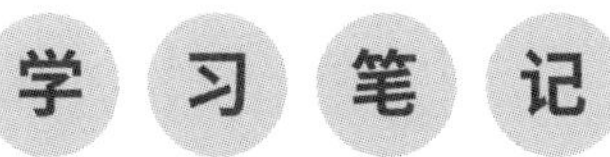

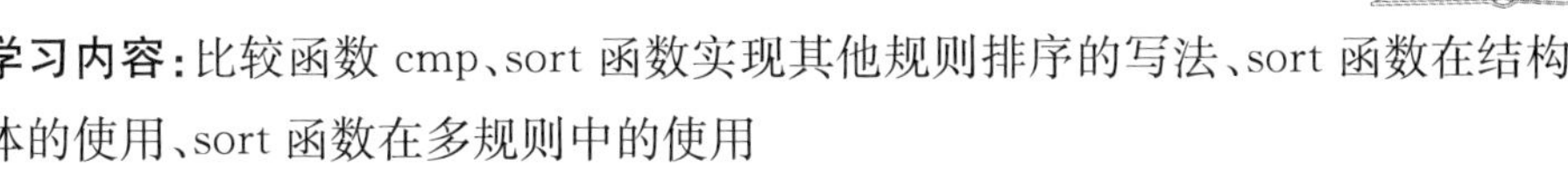

学习内容：比较函数 cmp、sort 函数实现其他规则排序的写法、sort 函数在结构体的使用、sort 函数在多规则中的使用

1. **比较函数** cmp

```
bool cmp(int a,int b){
    if(a>b) return 1;
    else return 0;
}
```

记

2. sort 函数实现其他规则排序的写法

sort(首元素地址,尾元素的下一地址,比较函数)

3. sort 在结构体中的使用

①定义结构体。

②定义比较函数,对结构体的判断对象进行操作。

③主函数中使用 sort 调用即可。

4. sort 在多规则中的使用

若题目的排序规则不止一条,则需要根据排序规则的先后关系来编写 cmp 函数。

```
bool cmp(student a,student b){
    if(a.sum>b.sum) return 1;
    else if(a.sum==b.sum){
        if(a.Chinese>b.Chinese) return 1;
        else if(a.Chinese==b.Chinese){
            if(a.math>b.math) return 1;
            else return 0;
        }
        else return 0;
    }
    else return 0;
}
```

动手练习

【练习 18.2.5】

题目描述

①若在排序的过程中有多种规则,我们不能直接使用 sort 函数来排序。

A. 正确　　　　B. 错误

②若对多种规则的题目进行排序,我们该如何定义比较函数 cmp?

A. 根据排序规则之间的好看程度定义

B. 根据排序规则之间的先后关系来编写 cmp 函数

③如何根据排序规则的先后关系编写 cmp 函数________。

④请补全下列 cmp 函数，完成如下规则的判断：

先按成绩从高到低排序；若成绩相等再按年级从低到高排序。

```
bool cmp(student a,student b){    //结构体变量 a 的成员包括分数 score 和年级 grade
    if(______________) return 1;
    else if(________________){
        if(______________ ) return 1;
        else return 0;
    }
    else return 0;
}
```

小可的答案

①A

②B

③使用嵌套选择结构

④a.score>b.score　　a.score==b.score　　a.grade<b.grade

【练习 18.2.6】

题目描述

一年一度的省小学生程序设计比赛开始了，组委会公布了所有学生的成绩，成绩按分数从高到低排名，成绩相同按年级从低到高排名。现在主办单位想知道每一个排名的学生前，有几位学生的年级低于他。

输入

第一行只有一个正整数 n(1≤n≤200)，表示参数的学生人数。

第 2～n+1 行，每行有两个正整数 s(0≤s≤400)和 g(1≤g≤6)，之间用一个空格隔开，其中第 i+1 行的第一个数 s 表示第 i 个学生的成绩，第 i+1 行的第二个数 g 表示第 i 个学生的年级。

输出

输出 n 行，每行只有一个正整数，其中第 i 行的数 k 表示排第 i 名的学生前面有 k 个学生排名比他高，且年级比他低。

样例输入

```
5
300 5
```

200 6
350 4
400 6
250 5

样例输出

0
0
1
1
3

小可的答案

```
#include<iostream>
#include<algorithm>
using namespace std;
struct student{
    int score;     //存储成绩
    int grade;     //存储年级
}s[105];
bool cmp(student a,student b){
    if(a.score>b.score) return 1;
    else if(a.score==b.score){
        if(a.grade<b.grade) return 1;
        else return 0;
    }
    else return 0;
}
```

小可的答案

```
int main(){
    int n,ans[201]={0};
    cin>>n;
    for(int i=1;i<=n;i++){
        cin>>s[i].score>>s[i].grade;
    }
    sort(s+1,s+n+1,cmp);
    for(int i=1;i<=n;i++){
        for(int j=1;j<i;j++){
            if(s[j].grade<s[i].grade){
                ans[i]++;
            }
        }
    }
    for(int i=1;i<=n;i++){
        cout<<ans[i]<<endl;
    }
    return 0;
}
```

关注"小可学编程"微信公众号，获取答案解析和更多编程练习。

进阶练习

【练习 18.2.7】

题目描述

可达鸭如火如荼地进行了编程比赛，通过二轮测试的同学将会得到丰厚的礼品。首先根据一轮测试的结果划定一个分数线，分数线根据最终得奖人数的 150%划定，即如果计划最终得奖人数为 m 名，则分数线为排名第 m×150%(向下取整)名选手的分数。请你划定一下这个编程比赛的分数线，输出可以有机会得到礼品的同学的报名号和成绩。

输入

第一行，两个整数 n，m(5≤n≤5000，3≤m≤n)，中间用一个空格隔开，其中 n 表示报名参加一轮测试的学生总数，m 表示最终得奖人数。输入数据保证 m×150%向下取整后小于等于 n。

第 2～n＋1 行，每行包括两个整数，中间用一个空格隔开，分别是学生的报名号 k(1000≤k≤9999)和该学生的一轮测试成绩 s(1≤s≤100)。数据保证学生的报名号各不相同。

输出

第一行，有两个整数，用一个空格隔开，第一个整数表示进入二轮测试的分数线，第二个整数为进入二轮测试的学生实际人数。

从第二行开始，每行包含两个整数，中间用一个空格隔开，分别表示进入二轮测试的学生的报名号和一轮测试成绩，按照成绩从高到低输出。如果成绩相同，则按报名号由小到大的顺序输出。

样例输入

```
6 3
1000 90
3239 88
2390 95
7231 84
1005 95
1001 88
```

样例输出

```
88 5
1005 95
2390 95
1000 90
1001 88
3239 88
```

第19章 编程数学

第 1 节　质　数

之前我们已经接触过质数的相关判断。质数又称“素数”，是指一个大于 1 的自然数，如果除了 1 和它自身外，不能被其他自然数整除，例如 2,3,5,7,3021377 等，反之就是合数。1 既不是质数也不是合数。

质　数

输入一个数 a，如果是质数输出“yes”，否则输出“no”。如何来实现呢？首先，判断数 a 是不是质数，关键是判断这个数能否被 2～a－1 的数整除，如果能就不是质数，否则就是质数。

```
int a,fa=0;      //fa 标记 a 是否为质数
cin>>a;
for (int i=2;i<=a-1;++i){
    if(a% i==0) {
       fa=1;
       break;
    }
}
if(fa==0){
    cout<<"yes";
}
else{
    cout<<"no";
}
```

有没有更好的判断质数的方法呢？其实上面的方法可以简化循环条件，使用“i * i<=a”的循环条件可以减少重复判断。比如 a 是 6 时，如果循环条件为“i * i<=6”，这样 i 遍历到 2 时就可以证实 2×3=6 成立，而不用再去遍历 3 是否为 6 的因数。

```
int a,fa=0;     //fa 标记 a 是否为质数
cin>>a;
for (int i=2;i*i<=a;++i){
    if(a%i==0) {
       fa=1;
       break;
    }
}
if(fa==0){
    cout<<"yes";
}
else{
    cout<<"no";
}
```

例题 19. 1. 1

输出 1～120 内的所有质数。

参考答案:

```
#include<iostream>
using namespace std;
bool Prime(int a){
    for(int i=2;i*i<=a;++i){
        if(a%i==0) return false;
    }
    return true;
}
int main(){
    int a;
    for (int a=2;a<=120;++a){
        if(Prime(a)==true) {
            cout<<a<<endl;
        }
    }
    return 0;
}
```

筛选法求质数

前面，我们已经做过了输出 1～120 内的所有质数这个题，现在我们换一种新的方法去解决该问题。一个合数总是可以分解成若干个质数的乘积，那么如果把质数(最初只知道 2 是质数)的倍数都去掉，剩下的就都是质数了。图 19-1-1 为数字表。

	2	3	4	5	6	7	8	9	10
11	12	13	14	15	16	17	18	19	20
21	22	23	24	25	26	27	28	29	30
31	32	33	34	35	36	37	38	39	40
41	42	43	44	45	46	47	48	49	50
51	52	53	54	55	56	57	58	59	60
61	62	63	64	65	66	67	68	69	70
71	72	73	74	75	76	77	78	79	80
81	82	83	84	85	86	87	88	89	90
91	92	93	94	95	96	97	98	99	100
101	102	103	104	105	106	107	108	109	110
111	112	113	114	115	116	117	118	119	120

图 19-1-1

①先把 1 删除(1 既不是质数也不是合数)。

②读取当前最小的数 2，然后把 2 的倍数删去。

③读取当前最小的数 3，然后把 3 的倍数删去。

④读取当前最小的数 5，然后把 5 的倍数删去。

……

ⓝ读取当前最小的状态为 true 的数 n，然后把 n 的倍数删去。

为了实现使用筛选法来求质数，我们需要使用一个数组来辅助完成具体功能，新建一个整型数组，并将所有元素全部置 0，表示所有数字还均未被处理“int prime[121]={0}”。

先把 1 删除，1 既不是质数也不是合数，prime[1]代表数字 1 所在的位置，将其置 1 表示删除此数据“prime[1]=1”。

读取当前最小的数，然后把当前最小数的倍数删去，重复执行操作，可以采用循环来实现。首先需要判断当前数 i 是不是其他数据的倍数，若是则不作任何操作，若不是则将当前数 i 的倍数全部删除，因此我们需要使用嵌套循环。

使用内层循环来删除当前数值的倍数。

```
for(int j=i*2;j<=120;j+=i){
    prime[j]=1;     //将当前数 i 的倍数所在位置置 1,表示删除此数据
}
```

使用外层循环来判断当前数 i 是否是其他数据的倍数。

```
for(int i=2;i<=120;i++){
    if(prime[i]==0){     //为 0 则表明当前数 i 不是其他数据的倍数
        执行内循环
    }
}
```

最终,利用筛选法求 1～120 之间所有素数的程序如下:

```
#include<iostream>
using namespace std;
int main(){
    int prime[121]={0};
    prime[1]=1;
    for(int i=2;i<=120;++i){
        if(prime[i]==0){
            for(int j=i*2;j<=120;j+=i){
                prime[j]=1;
            }
        }
    }
    for(int i=1;i<=120;++i){
        if(prime[i]==0){
            cout<<i<<endl;
        }
    }
    return 0;
}
```

现在我们将两种方法再对比一下：第一种方法有一个嵌套循环，比较复杂。筛选法效率比第一种方法高，但是依然做了许多无用功，一个数会被筛到好几次。

 质因数分解

合数指自然数中除了能被 1 和本身整除外，还能被其他数(0 除外)整除的数。每个合数都可以写成几个质数相乘的形式，其中每个质数都是这个合数的因数，叫作这个合数的“分解质因数”。分解质因数只针对合数。

例如：

6 ＝2×3

28＝2×2×7

60＝2×2×3×5

把一个合数分解质因数，先用一个能整除这个合数的质数(通常从最小的开始)去除，得出的商如果是质数，就把除数和商写成相乘的形式；得出的商如果是合数，就照上面的方法继续除下去，直到得出的商是质数为止，然后把各个除数和最后的商写成连乘的形式。

首先认识一下短除号：|＿＿＿。

下面我们将 360 用短除法分解一下，分解过程如下：

```
2|360
 2|180
  2|90
   3|45
    3|15
       5
```

将分解后的结果写成连乘形式：360＝2×2×2×3×3×5，若对 360 质因数分解中最后一步商为质数的过程再往下进一步分解，则分解过程变成：

```
2|360  ← 合数
 2|180 ← 合数
  2|90  ← 合数
   3|45  ← 合数
    3|15  ← 合数
     5|5   ← 质数
        1
```

因此也可以理解成最终商变成 1 停止质因数分解，这样质因数分解过程的代码实现也比较简单了，只要当前数没有变为 1，就输出一个质数、一个乘号，直到当前数变为 1，停止

分解，并停止输出乘号。

最终完整代码实现如下所示：

```
#include<iostream>
using namespace std;
int main(){
    int n;
    cin>>n;
    cout<<n<<"=";
    int i=2;
    while(n!=1){
        if(n%i==0){
            cout<<i;
            n=n/i;
            if(n!=1) cout<<"*";
        }
        else{
            i++;
        }
    }
    return 0;
}
```

小可的答案

思考：质因数分解需要用质数 i 去除当前数 n，但为什么程序中没有判断 i 是不是一个质数呢？

其实 i 是从最小的质数开始的，当前数 n 一直不断被 i 整除，直至不能再整除 i 为止。所以，后面遇到能把当前数 n 整除的数均为质数，不可能遇见一个合数，因为一个合数能分解成多个质数相乘的形式，前面一定被当前数 n 将这个合数分解完了，因此后面遇到能整除的数 i 均为质数，也就不用再判断 i 是否为质数了。

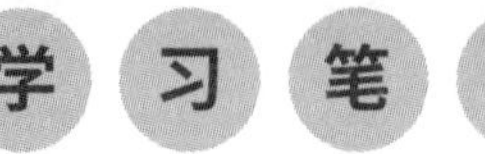

学习内容:质数定义、判断一个数是不是素数、筛选法、质因数分解

①一个大于1的自然数,除了1和它本身外,不能被其他自然数整除,叫作"质数"。质数又称"素数"。

②判断一个数是不是质数,可以通过循环来进行判断。

③筛选法:我们知道合数是某些数的倍数,把所有数的倍数(合数)删掉,那么剩下的就是质数,因此可以通过筛选法得到质数。

④质因数分解:每个合数都可以写成几个质数相乘的形式,其中每个质数都是这个合数的因数,叫作这个合数的"分解质因数",分解质因数只针对合数。

动手练习

【练习 19.1.1】

题目描述

①筛选法求质数,第一步做什么?

A. 找出当前数的倍数,删掉

B. 删掉1

C. 先遍历所有数

D. 以上都对

②
```
bool Prime(int a){
    for(int i=2;i*i<=a;i++){
        if(a%i==0) return false;
    }
    return true;
}
```

以上为判断素数的函数,其中循环控制条件必须是"i*i<=a"。

A. 正确　　B. 错误

③质因数分解只针对?

A. 质数　　B. 合数　　C. 以上都对

④质因数分解,用代码实现,最后直到当前合数变成多少停止?

A. 0　　B. 1　　C. 2　　D. 3

小可的答案

①B ②B ③B ④B

【练习 19.1.2】

题目描述

小可最近学了质数的概念，知道任何比 2 大的偶数都可以拆分成两个质数之和的形式，但是小可不满足于此，她想知道在多种拆分方式的情况下得到的乘积最大的是多少，请你帮助小可写一个程序来解决这个问题。

输入

输入一行，一个不大于 10000 的正整数 S，为两个质数的和。

输出

输出一行，一个整数，为两个素数的最大乘积，数据保证有解。

样例输入

```
50
```

样例输出

```
589
```

小可的答案

```
#include<iostream>
using namespace std;
bool prime(int a){
    for(int i= 2;i * i<=a;i++){
        if(a%i==0){
            return false;
        }
    }
    return true;
}
int main(){
```

```
    int n,max=0;
    cin>>n;
    for(intk=2;k<=n/2;k++){
        if(prime(k)){
            int x=n-k;
            if(prime(x)){
                int s=x * k;
                if(s>max){
                    max=s;
                }
            }
        }
    }
    cout<<max<<endl;
    return 0;
}
```

关注“小可学编程”微信公众号，
获取答案解析和更多编程练习。

【练习 19.1.3】

题目描述

每个合数都可以写成几个质数相乘的形式，其中每个质数都是这个合数的因数，把一个合数用质因数相乘的形式表示出来，叫作“分解质因数”，如 30＝2×3×5。分解质因数只针对合数。求出区间[a,b]中所有整数的质因数分解。

输入

输入两个整数 a,b,其中 a,b 都是大于等于 2 的正整数。

输出

每行输出一个数的分解，形如 k＝a1×a2×a3×…(a1⩽a2⩽a3⩽…,k 也是从小到大的)。

样例输入

```
3 10
```

样例输出

```
3=3
4=2 * 2
5=5
```

```
6=2*3
7=7
8=2*2*2
9=3*3
10=2*5
```

小可的答案

```
#include<iostream>
using namespace std;
int main(){
    int n,a,b;
    cin>>a>>b;
    for(int i=a;i<=b;i++){
        n=i;
        cout<<n<<"=";
        int j=2;
        while(n!=1){
            if(n%j==0){
               cout<<j;
               n=n/j;
               if(n!=1)  cout<<"*";
               }
            else{
                j++;
            }
        }
        cout<<endl;
    }
    return 0;
}
```

关注“小可学编程”微信公众号，
获取答案解析和更多编程练习。

进阶练习

【练习 19.1.4】

题目描述

现在有一些手机号码(假设手机号码可长可短，但必须为正整数)可供用户选择，用户想从正整数 A～B 之间选一些质数来作为手机号码，而且这些质数中各位上至少要有一个

该用户希望有的幸运数字 D。如 A 为 11,B 为 15,D 为 3 时,则 A～B 之间有 11,13 两个质数,但组成 11 的两个数字中没有 3,所以只有一个数 13 符合条件。

输入

输入一行,三个正整数 A,B,D,之间用一个空格隔开。

输出

输出一行,一个正整数,表示包含数字 D 的素数个数。

样例输入

```
10 15 3
```

样例输出

```
1
```

第 2 节 最大公约数

在数学中我们已经接触过公约数和公倍数，那在编程中如何来实现求解最大公约数和最小公倍数呢？

 最大公约数

如果数 a 能被数 b 整除，a 就叫作 b 的“倍数”，b 就叫作 a 的“约数”。最大公约数也称为“最大公因数”，是指两个或多个整数共有约数中最大的一个。

求解最大公约数有多种方法可以实现，这里讲解的是辗转相除法（又称“欧几里得算法”）。辗转相除法的具体做法是：除数变被除数，余数变除数，直到余数为 0，则此时的除数即为最大公约数。

我们举例说明辗转相除法求最大公约数的过程。计算 a＝1112 和 b＝695 的最大公约数的过程如下：

1112 除以 695 余数为 417，余数不为 0，继续。

除数 695 变成被除数，余数 417 变成除数，695 除以 417 余数为 278，余数不为 0，继续。

除数 417 变成被除数，余数 278 变成除数，417 除以 278 余数为 139，余数不为 0，继续。

除数 278 变成被除数，余数 139 变成除数，278 除以 139 余数为 0，结束，此时除数为最大公约数。

将上述求最大公约数的过程用代码表示可如下：

```
#include<iostream>
using namespace std;
int main(){
    int a,b,r;
    cin>>a>>b;
    while(a%b!=0){
        r=a%b;
        a=b;
        b=r;
```

```
    }
    cout<<b<<endl;
    return 0;
}
```

最小公倍数

两个或多个整数公有的倍数叫作它们的“公倍数”，其中除 0 以外最小的一个公倍数就叫作这几个整数的“最小公倍数”。

最小公倍数等于两整数的乘积除以最大公约数，所以，求出最大公约数是关键。

求最小公倍数的程序代码如下：

```
#include<iostream>
using namespace std;
int main(){
    int a,b,r;
    cin>>a>>b;
    int sum=a*b;
    while(a%b!=0){
        r=a%b;
        a=b;
        b=r;
    }
    cout<<sum/b<<endl;
    return 0;
}
```

学习内容:最大公约数、辗转相除法、最小公倍数

1. 最大公约数

最大公约数也称为“最大公因数”,它是指两个或多个整数共有约数中最大的一个。

2. 辗转相除法

辗转相除法又称“欧儿里得算法”,是求最大公约数的一种方法,具体做法是:除数变被除数,余数变除数,直到余数为0,则此时的除数为最大公约数。

```
while(a%b!=0){
    int r=a%b;
    a=b;
    b=r;
}
```

3. 最小公倍数

最小公倍数=两整数乘积/最大公约数。

动手练习

【练习 19.2.1】

题目描述

①求解最大公约数的方法是________。

②求最小公倍数,先获取两个整数乘积,再进行辗转相除。

A. 正确　　　　B. 错误

③辗转相除法:除数变被除数,余数变除数,直到余数为0,则此时____为最大公约数。

A. 被除数　　　　B. 除数　　　　C. 余数　　　　D. 商

小可的答案

①辗转相除法　　②A　　③B

【练习 19.2.2】

题目描述

给定两个正整数,求它们的最大公约数。

输入

第一行一个整数 n,表示有 n 组数据。

接下来 n 行,每行为两个正整数,且不超过 int 可以表示的范围。

输出

输出 n 行,每行一个最大公约数。

样例输入

```
3
4 8
8 6
200 300
```

样例输出

```
4
2
100
```

小可的答案

分析:

首先需要循环 n 次,输入每一组的两个整数,输入两个整数后,调用 gcd 函数求出两个整数的最大公约数,输出当前两个数的最大公约数,并进入下一次循环。

```
#include<iostream>
using namespace std;
int gcd(int a,int b){
    while(a%b!=0){
        int r=a%b;
        a=b;
        b=r;
    }
    return b;
}
```

```
int main(){
    int a,b,n;
    cin>>n;
    for(int i=0;i<n;i++){
        cin>>a>>b;
        cout<<gcd(a,b)<<endl;
    }
    return 0;
}
```

【练习 19.2.3】

题目描述

可达鸭编程 K4 的三个班级在假期都会布置一定数量的作业，但是因为各种原因，布置作业数量都不一样。现在李老师为了公平，决定让每个班级的作业数量都一样，同时保证作业的数量 x 满足以下两个要求：

(1)x 能整除该班级原本作业数量。

(2)在条件 1 的基础上，尽可能最多(多做题才能学得更好)。

输入

输入包含三个正整数 a,b,c，表示每个班级布置作业的数量，用空格隔开(a,b,c<30)。

输出

输出一个整数，表示每个班级应该布置的作业数量 x，x<a，x<b，x<c。

样例输入

```
6 4 8
```

样例输出

```
2
```

小可的答案

分析：

此题本质是求三个数的最大公因数，利用辗转相除法求解最大公因数，可以将求解最大公因数的过程写成 gcd 函数，求三个数的最大公因数。可以先求出 a 和 b 的最大公因数，再求 a 和 b 的最大公因数与 c 的最大公因数。分别两次调用 gcd 函数即可。

```
#include<iostream>
using namespace std;
int gcd(int a,int b){
    while(a%b!=0){
        int r=a%b;
        a=b;
        b=r;
    }
    return b;
}
int main(){
    int a,b,c;
    cin>>a>>b>>c;
    cout<<gcd(gcd(a,b),c)<<endl;
    return 0;
}
```

关注“小可学编程”微信公众号，获取答案解析和更多编程练习。

【练习 19. 2. 4】

题目描述

给定四个整数 A,B,C,D 分别算出 A,B 和 C,D 的最小公倍数，再计算出两个最小公倍数的最大公约数。

输入

输入一行，四个整数 A,B,C,D，中间用一个空格隔开。

输出

第一行是 A,B 的最小公倍数和 C,D 的最小公倍数，中间用一个空格隔开。

第二行是两个最小公倍数的最大公约数。

样例输入

```
10 16 24 27
```

样例输出

```
80 216
8
```

小可的答案

分析：

本题考查的是函数的嵌套调用以及辗转相除法求最大公约数。本题的解决可以分成两步：(1)求出 A,B 两数的最小公倍数和 C,D 两数的最小公倍数；(2)求出这两个最小公倍数的最大公约数。具体实现可以定义成两个函数，一个来求最大公约数，另一个来求最小公倍数。

```
#include<iostream>
using namespace std;
int gcd(int a,int b){
    while(a%b!=0){
        int r=a%b;
        a=b;
        b=r;
    }
    return b;
}
int lcm(int a,int b){
    return a*b/gcd(a,b);
}
int main(){
    int a,b,c,d;
    cin>>a>>b>>c>>d;
    cout<<lcm(a,b)<<"  "<<lcm(c,d)<<endl;
    cout<<gcd(lcm(a,b), lcm(c,d))<<endl;
    return 0;
}
```

关注“小可学编程”微信公众号，获取答案解析和更多编程练习。

第 3 节　模运算

我们在之前学习了%这一算术运算符,但你知道%其实有两种计算方法吗?在 C++里面,我们将%视作取余符号,如果两个数取余同一个数得到的结果相同,那么这两个数又有什么关系呢?

取模和取余的区别

取余(rem),遵循尽可能让商向 0 靠近的原则;取模(mod),遵循尽可能让商向负无穷靠近的原则。

符号相同时,两者不会冲突。比如,7/3 在数学中运算得到 2.3,产生了两个商 2 和 3,7＝3×2＋1 或 7＝3×3＋(－2)。因为 2 更向 0(负无穷)靠近,因此,7rem3＝1,7mod3＝1。

符号不同时,两者会产生冲突。比如,7/(－3)在数学中运算得到－2.3,产生了两个商－2 和－3,7＝(－3)×(－2)＋1 或 7＝(－3)×(－3)＋(－2)。因为－2 更向 0 靠近,而－3 更向负无穷靠近,因此,7rem(－3)＝1,7mod(－3)＝(－2)。

C++中的%是取余运算符,但是如果参与运算的两个数都大于 0,则可以进行取模运算。

同　余

1. 概念

若 a,b 这两个整数除以同一个正整数,可以得到相同的余数 m,则称这两个整数同余,记为 a≡b(mod m)。

例如 35≡23(mod 6),就是指 35 和 23 对于 6 来说是同余的,35%6==23%6。

2. 结论

根据同余的概念,我们可以得到一个非常重要的结论:a≡b(mod m)→(a－b)%m＝0。

例题 19.3.1

当 a＝17,b＝11 时,a,b 关于 3 同余吗?

解析:a 除以 3 商 5 余 2,因此 a 可以看作 3＋3＋3＋3＋3＋2,如图 19-3-1 所示。

a　　　　b

3＋3＋3＋3＋3＋2　　　　3＋3＋3＋2

图 19-3-1

b 除以 3 商 3 余 2，因此 b 可以看作 3＋3＋3＋2。

若计算 a－b，实际上就是在 a 中减掉 3 个 3 和 1 个 2，如图 19-3-2 所示。

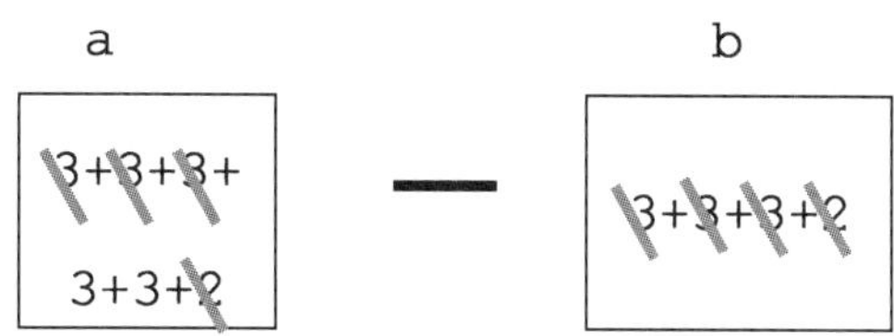

图 19-3-2

因为余数 2 在减法运算中被减掉，因此剩下的数字一定能被 3 整除，如图 19-3-3 所示。

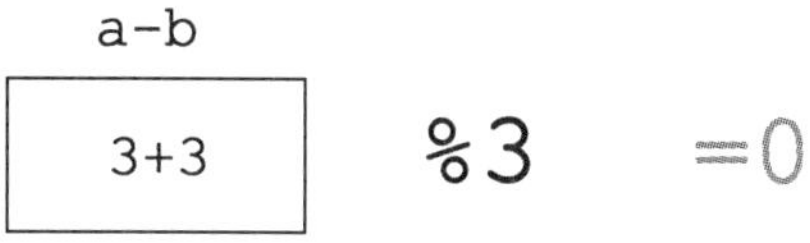

a-b

3+3　%3　=0

图 19-3-3

因此，若两数 a，b 关于 m 同余，则两数相减时一定会把这个相同的余数（假设为 x）减掉，剩下的部分是 m 的倍数，因此，%m 一定得 0，如图 19-3-4 和图 19-3-5 所示。

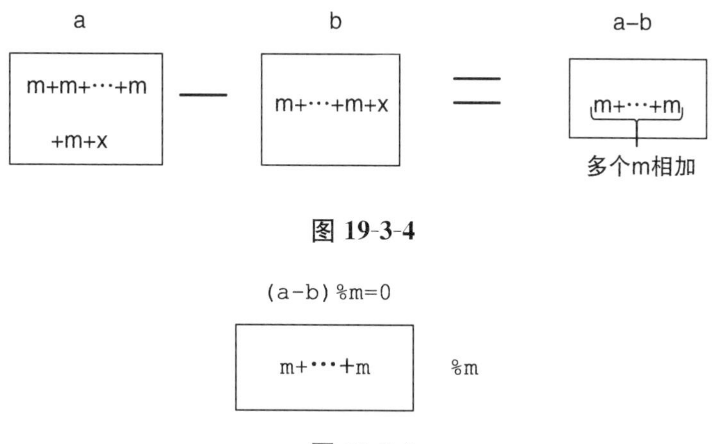

图 19-3-4

图 19-3 5

模运算的分配律

模运算分配律与四则运算有些相似，但是除法例外，其规则如下：

```
(a+b)%p=(a%p+b%p)%p
(a-b)%p=(a%p-b%p)%p
(a*b)%p=(a%p*b%p)%p
a^b%p=(((((a%p)*a%p)*a%p)*a%p)…)*a%p
```

学 习 笔 记

学习内容：同余

若两数 a，b 关于 m 同余，则两数相减时一定会把这个相同的余数（假设为 x）减掉，剩下的部分是 m 的倍数，因此，“%m”一定得 0。模运算分配律与四则运算有些相似，但是除法例外，通过分配律就可以解决结果很大、无法存储的情况。

动手练习

【练习 19.3.1】 能否被整除

题目描述

给定 n 个整数，判断其中是否存在有两个数的差能被 m 整除。

输入

第一行为 n，m（$1\leqslant n<m\leqslant 10000$）；第二行为 n 个正整数，其间用空格间隔。

输出

存在则输出“yes”，否则输出“no”。

样例输入

```
5 6
1 2 7 13 5
```

样例输出

```
yes
```

小可的答案

分析：

两个数的差能被 m 整除，实际上就代表这两个数关于 m 同余，因此本题我们只需要判断输入的数字中是否存在数字%m 得到的余数相等即可。

第一步：我们可以在输入每个数字的同时计算它们%m 的余数。

第二步：余数相同指的就是 0～m－1 之间的某个余数出现的次数大于 1，因此本题可以采用桶标记的思想，去统计一下每个余数出现的次数。

第三步：遍历统计余数次数的数组，若任意一个数组元素的值大于 1，代表它下标对应的余数不止出现了一次，符合同余的判断，输出“yes”并结束程序(只输出一次)。

第四步：若循环执行结束都没有输出“yes”，说明并没有任何一个 0～m－1 之间的余数出现次数超过 1，输出“no”即可。

```
#include<iostream>
using namespace std;
int main(){
    int n,m,x,cnt[1000]={0};
    cin>>n>>m;
    for(int i=1;i<=n;i++){
        cin>>x;
        cnt[x%m]++;
    }
    for(int i=0;i<m;i++){
        if(cnt[i]>1){
            cout<<"yes";
            return 0;
        }
    }
    cout<<"no";
    return 0;
}
```

关注“小可学编程”微信公众号，
获取答案解析和更多编程练习。

【练习 19.3.2】 计算是周几

题目描述

如果今天是周日，那么过 x^y 天之后是周几？

输入

输入一行，两个正整数 x 和 y，中间用单个空格隔开。

输出

输出一行，一个字符串，代表过 x^y 天之后是星期几，$0<x\leqslant100$，$0<y\leqslant10000$。

其中，Monday 是星期一，Tuesday 是星期二，Wednesday 是星期三，Thursday 是星期四，Friday 是星期五，Saturday 是星期六，Sunday 是星期日。

样例输入

```
3 2000
```

样例输出

```
Tuesday
```

小可的答案

分析：

一个星期 7 天一循环，因此如果需要计算 m 天后是星期几的话，可以采取“m%7”的方式计算，比如今天是周三，“m%7==2”，则 m 天是周五。

本题需要计算 x 的 y 次方天后是周几，根据题目给定的 x 和 y 的范围，x 的 y 次方很有可能会超过 long long 的存储范围，因此本题不能直接计算，而是采取模运算的乘方分配律。

```
#include<iostream>
using namespace std;
int main(){
    int x,y,fac=1;
    cin>>x>>y;
    for(int i=1;i<=y;i++){
        fac=fac*x;
        fac=fac%7;
    }
    if(fac==0)
        cout<<"Sunday";
    if(fac==1)
        cout<<"Monday";
    if(fac==2)
        cout<<"Tuesday";
    if(fac==3)
```

关注“小可学编程”微信公众号，获取答案解析和更多编程练习。

```
            cout<<"Wednesday";
        if(fac==4)
            cout<<"Thursday";
        if(fac==5)
            cout<<"Friday";
        if(fac==6)
            cout<<"Saturday";
        return 0;
    }
```

进阶练习

【练习 19.3.3】 求一个数的末尾

题目描述

求 x^y 最后三位数是多少。

输入

两个正整数 x,y,其中 $1\leqslant x\leqslant 100$,$1\leqslant y\leqslant 10000$。

输出

从高位到低位输出幂的末三位数字,中间无分隔符。若幂本身不足三位,在前面补零。

样例输入

```
7 2011
```

样例输出

```
743
```

第 4 节　简单递推

假设第 1 个月有 1 对刚出生的兔子，第 2 个月进入成熟期，第 3 个月开始生育兔子，而 1 对成熟的兔子每月都会生 1 对兔子，兔子永不死去……那么，由 1 对初生兔子开始，12 个月后会有多少对兔子?

斐波那契数列

列昂纳多·斐波那契数列以兔子繁殖为例子而引入，故又称为“兔子数列”，指的是这样一个数列：1，1，2，3，5，8，13，21，34，…

关键是如何求出下一项?

根据观察得到，第 1 项和第 2 项初始为 1，第 3 项等于第 1 项加第 2 项，第 4 项等于第 2 项加第 3 项……第 n 项等于第 n－2 项加第 n－1 项。

1	F(1)
1	F(2)
1 ＋ 1 ＝ 2	F(3)＝ F(1)＋ F(2)
1 ＋ 2 ＝ 3	F(4)＝ F(2)＋ F(3)
2 ＋ 3 ＝ 5	F(5)＝ F(3)＋ F(4)
3 ＋ 5 ＝ 8	F(6)＝ F(4)＋ F(5)
……	……

$$F(n)=F(n-1)+F(n-2)$$

由此，我们可以推出第 n 项的求解公式：

$$F(1)=1 \qquad (n=1)$$

$$F(2)=1 \qquad (n=2)$$

$$F(n)=F(n-1)+F(n-2) \qquad (n\geqslant 3)$$

在数学上，像这样按照一定的规律来计算序列中的每个项，通过计算前面的一些项来得出序列中的指定项的值的方法称为“递推”。

学习笔记

学习内容:斐波那契数列、斐波那契数列的特点、递推的概念

1. 斐波那契数列

斐波那契数列由数学家列昂纳多·斐波那契以兔子繁殖为例子而引入,故又称为“兔子数列”。

2. 斐波那契数列的特点

第一个数和第二个数为1,从第三项开始,每一项的数等于它前面两个数的和。

3. 递推的概念

按照一定的规律来计算序列中的每个项,通过计算前面的一些项来得出序列中的指定项的值的方法称为“递推”。

斐波那契数列的递推公式:

$$F(1)=1 \qquad (n=1)$$

$$F(2)=1 \qquad (n=2)$$

$$F(n)=F(n-1)+F(n-2) \qquad (n\geqslant 3)$$

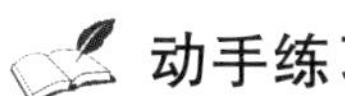

动手练习

【练习 19.4.1】

题目描述

小可发现这样一个有规律的数列:数列的第一个和第二个数都为1,接下来每个数都等于前面两个数之和。请你编写程序,求出该数列的第n个数为多少。

输入

输入一行,包含一个正整数 n(3≤n≤46)。

输出

输出一行,包含一个正整数,表示该规律数列中第n个数的大小。

样例输入

```
19
```

样例输出

```
4181
```

小可的答案

分析：

本题实际上考察的是斐波那契数列，通过刚才的推导我们已经得到从第 3 项开始求解的方法都是一样的，因此本题可以通过循环结构进行第 n 项的求解。

```
#include<iostream>
using namespace std;
int main(){
    int n,f1=1,f2=1,t;
    cin>>n;
    for(int i=3;i<=n;i++){
        t=f1+f2;
        f1=f2;
        f2=t;
    }
    cout<<f2;
    return 0;
}
```

关注**“小可学编程”**微信公众号，获取答案解析和更多编程练习。

【练习 19.4.2】

题目描述

植树节那天，有 n 位同学参加了植树活动，他们完成植树的棵数都不相同。问第一位同学植了多少棵时，他指着旁边的第二位同学说比他多植了两棵；追问第二位同学，他说比第三位同学多植了三棵……追问第 n－1 位同学，他说比第 n 位同学多植了 n 棵。最后问到第 n 位同学时，他说自己植了 m 棵。请问第一位同学植了多少棵树，n 名同学一共植了多少棵树？

输入

输入一行，包含两个正整数 n，m($1<n<1000$，$3\leqslant m\leqslant 10000$)。

输出

输出一行，包含两个正整数，表示第 1 个人种树的数量以及总棵数，中间用一个空格隔开。

样例输入

```
100 50
```

样例输出

```
5099 338300
```

小可的答案

分析:

本题给出的是第 n 个人种树的总棵树，所以需要从第 n 项逆推到第 1 项。

```
F(n)=m;
F(n-1)=F(n)+n;
F(n-2)=F(n-1)+n-1;
F(n-3)=F(n-2)+n-2;
……
F(i)=F(i+1)+i+1;
……
F(1)=F(2)+2;
```

```
#include<iostream>
using namespace std;
int main(){
    int n,m,sum1,sum;
    cin>>n>>m;
    sum1=m;
    sum=m;
    for(int i=n-1;i>=1;i--){
      sum1=sum1+i+1;
      sum=sum+sum1;
    }
    cout<<sum1<<" "<<sum;
    return 0;
}
```

关注“小可学编程”微信公众号，获取答案解析和更多编程练习。

第 5 节　进制转换

我们都知道，计算机是以二进制数据 0 和 1 来处理信息的，什么是二进制呢？我们平常用数据进行加减乘除等计算，计算机又是如何处理的呢？本节将带领大家认识进制以及各进制之间的转换。

进制的概念

1. 进制

进制也就是进位制，是人们规定的一种进位方法。对于任何一种进制——X 进制，就是表示某一位置上的数运算时是逢 X 进一位，借一当 X 来用。十进制是逢十进一，十六进制是逢十六进一，二进制就是逢二进一。

进是增加的意思，进位实际上可以理解为增加位数。

例如七进制。在我们生活中通常用七进制表示星期。我们都知道一周有 7 天，7 天过完也就过了一周。那么可借一周当 7 天来用，这就是所谓的“七进制”。

七进制(逢七进一)：6＋1＝10。

例如十进制。在我们列算式进行减法计算的时候，如果减不开，通常情况下向前一位去借，借 1 当 10 来用；在进行加法计算的时候，满 10 往前一位进 1，这就是十进制的应用。

十进制(逢十进一)：9＋1＝10。

2. 二进制

①二进制只有 0 和 1 两个数字符号，基数是“2”，低位向高位进位规则是“逢二进一”，因为只有两个数字，所以一位二进制数字可以表示正反两种状态。这在现实中有很多应用，比如烽火台(有敌入侵时，可以燃烧稻草等可燃物，这样可以用烟火通报敌情，让下一个岗提高警惕)、灯塔灯语(用灯光一明一暗的间歇做出长短不同的信号来传递信息)、电子管(采用通电、断电或者高电压、低电压来表示两种状态)。

②二进制的算数运算。

加法：0＋0＝0

　　0＋1＝1

　　1＋0＝1

1+1=0(有进位)

减法:0−0=0

0−1=1(有借位)

1−0=1

1−1=0

```
    1 0 1 1
 +  1 1 0 0
 ----------
  1 0 1 1 1
```

```
    1 1 0 0
 −  1 0 1 1
 ----------
    0 0 0 1
```

③二进制的逻辑运算。

逻辑与(AND):

$0 \wedge 0=0$

$0 \wedge 1=0$

$1 \wedge 0=0$

$1 \wedge 1=1$

逻辑或(OR):

$0 \vee 0=0$

$0 \vee 1=1$

$1 \vee 0=1$

$1 \vee 1=1$

逻辑非(NOT):

$\neg 0=1$

$\neg 1=0$

例题 19.5.1

计算 10011 AND 11001 的值。

解析:10011 AND 11001 直接按位进行与运算即可。

参考答案:

10001

例题 19.5.2

计算 10011 OR 11001 的值。

解析：

10011 OR 11001 直接按位进行或运算即可。

参考答案：

```
11011
```

3. 八进制与十六进制

十进制的 21 用二进制表示为 10101，从两位数变成了五位数，这其实是二进制一个很大的特点——在书写比较大的数字时位数多，难以记忆和识别，因此，常用八进制或十六进制数作为二进制计数的助记形式。

进制	十进制	二进制	八进制	十六进制
基数	10	2	8	16
数字符号	0～9	0,1	0～7	0～9 A(10) B(11) C(12) D(13) E(14) F(15)

1 位八进制数可以表示 0～7，3 位二进制数也可以表示 0～7，因此可以将 3 位二进制数转化为 1 位八进制数来表示，极大地减少数字的位数。

八进制	二进制
0	000
1	001
2	010
3	011
4	100
5	101
6	110
7	111

相应地，1 位十六进制数可以表示 0～15，4 位二进制数可以表示 0～15，因此也可将 4 位二进制数转化为 1 位十六进制数来表示。

十六进制	二进制	十六进制	二进制
0	0000	8	1000
1	0001	9	1001
2	0010	A(10)	1010
3	0011	B(11)	1011
4	0100	C(12)	1100
5	0101	D(13)	1101
6	0110	E(14)	1110
7	0111	F(15)	1111

进制转换

1. 进位计数制

678.34 可以表示为如下：

$$678.34=6\times10^{2}+7\times10^{1}+8\times10^{0}+3\times10^{-1}+4\times10^{-2}$$

其中，基数为 10(X 进制的基数为 X)。

位权：10^{2}，10^{1}，10^{0}，10^{-1}，10^{-2} 分别是数的百位、十位、个位、十分位、百分位的权。

数码：0，1，2，3，4，5，6，7，8，9(X 进制的数码为 0～X−1)。

将一个数字拆分为多个数码乘以位权并相加的形式被称为这个数字的“按权展开”。

二进制数按权展开的形式为：

$$(10101)_2=1\times2^{4}+0\times2^{3}+1\times2^{2}+0\times2^{1}+1\times2^{0}$$

基数：2

位权：2^{4}，2^{3}，…，2^{0}

数码：0，1

在一个计算中可能存在多种进制，因此我们一般会将算式中的数字用小括号括起来，并在数字右下角指明数字的进制，不加括号默认为十进制。

2. 任意进制数字转十进制数字

数字的按权展开形式是把任意进制的数字转化为十进制数字的基础，因此将一个数字按权展开的结果计算并相加就可以得到对应的十进制数字。

例：$(10101)_2=1\times2^{4}+0\times2^{3}+1\times2^{2}+0\times2^{1}+1\times2^{0}$

$=16+0+4+0+1$

$=21$

例：$506.2(O)=5\times 8^2+0\times 8^1+6\times 8^0+2\times 8^{-1}$

$=320+6+0.25$

$=326.25$

另外，我们还可以用英文字母来表示进制：“D”代表十进制，“B”代表二进制，“O”代表八进制，“H“代表十六进制。

例题 19.5.3

将下列各进制的数字转化为对应的十进制数字。

$(101.01)_2=(\quad)_{10}$

$(56.4)_8=(\quad)_{10}$

$(AF.4)_{16}=(\quad)_{10}$

参考答案：

5.25　46.5　175.25

3. 十进制数字转任意进制数字

如果要将一个十进制数字转换为任意 X 进制的数字，需分整数和小数两部分分别处理。

整数部分：除以 X 取余数，直到商为 0，余数从右到左排列（整数除以 X 取余，逆序排列）。

小数部分：小数乘以 X 取整数，整数从左到右排列（小数乘以 X 取整，顺序排列）。

例如：将$(100.23)_{10}$化为二进制为$(1100100.0011)_2$。

整数除以 X 取余，逆序排列。

除数	被除数	余数
2	100	
2	50	0
2	25	0
2	12	1
2	6	0
2	3	0
2	1	1
	0	1

↑（余数自下而上读取）

小数乘 X 取整，顺序排列。

```
      0. 2 3
×          2
-----------
      0. 4 6     0
×          2
-----------
      0. 9 2     0
×          2
-----------
      1. 8 4     1
×          2
-----------      1
      1. 6 8
```

在进行小数位数转化时，只有小数部分全部变为0才算全部转换完成，但是一般来说很难出现全部变为0的情况，因此在进行小数部分转换时一般会规定保留小数的位数。

例题 19.5.4

将100分别转化为八进制、十六进制对应的数字。

参考答案：

$(100)_{10}=(144)_8=(64)_{16}$

4.二进制转化为八进制、十六进制

整数部分：小数点为基准从右向左按三(四)位进行分组，不足补零。

小数部分：小数点为基准从左向右按三(四)位进行分组，不足补零。

例如：将二进制数10110011.10101转换为八进制数。

010 110 011.101 010 (B)= 263.52(O)

 2 6 3 5 2 (高位和低位各补1个0)

例如：将二进制数1011010101.101011转换为十六进制数。

0010 1101 0101.1010 1100 (B)=2D5.AC(H)

 2 D 5 A C (高位和低位各补2个0)

5.八进制、十六进制转二进制

八进制数转二进制数：只需将1位八进制数转为3位二进制数。

十六进制数转二进制数：只需将1位十六进制数转为4位二进制数。

例题 19.5.5

将八进制数$(6415.64)_8$转换为二进制数。

参考答案：

$(6415.64)_8=(110\ 100\ 001\ 101.110\ 100)_2$

 6 4 1 5 . 6 4

例题 19.5.6

将十六进制数(6A1D.C4)16 转换为二进制数。

参考答案：

```
(6A1D.C4)16= (0110 1010 0001 1101.1100 0100 )2
                6   A   1   D . C   4
```

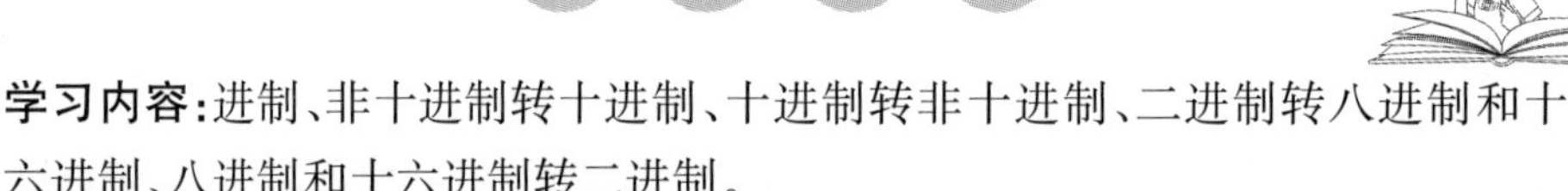

学习内容：进制、非十进制转十进制、十进制转非十进制、二进制转八进制和十六进制、八进制和十六进制转二进制。

1. 进制

进制也就是进位制，是人们规定的一种进位方法。

2. 非十进制转十进制

数字的按权展开形式是把一个任意进制的数字转化为十进制数字的基础，因为将一个数字按权展开的结果计算并相加就可以得到对应的十进制数字。

3. 十进制转非十进制

如果要将一个十进制数字转换为任意 X 进制的数字，需分整数和小数两部分分别处理：

整数部分：除以 X 取余数，直到商为 0，余数从右到左排列（除 X 取余，逆序排列）。

小数部分：乘以 x 取整数，整数从左到右排列（乘 X 取整，顺序排列）。

4. 二进制转八进制、十六进制

整数部分：小数点为基准从右向左按三（四）位进行分组。

小数部分：小数点为基准从左向右按三（四）位进行分组。

不足补零。

5. 八进制、十六进制转二进制

八进制数转二进制数：只需将 1 位八进制数转为 3 位二进制数。

十六进制数转二进制数：只需将 1 位十六进制数转为 4 位二进制数。

动手练习

【练习 19.5.1】

题目描述

小可学习 C++语言进制中遇到了一些困难，现在要求输入一个八进制整数，然后输出这个整数的十进制形式，请你编写代码帮她解决这个问题。

输入

输入一行，仅含一个八进制表示的正整数 a，a 的十进制表示的范围是(0，65536)。

输出

输出一行，a 的十进制表示。

样例输入

```
11
```

样例输出

```
9
```

小可的答案

分析：

八进制转十进制实际上就是将当前数字的每一位拆分出来，然后乘上对应的位权再进行累加。

①通过 while 循环可以轻松实现数位拆分。

②位权从 X 的 0 次方开始变化，每次加 1 次方，因此可以使用 pow 来进行计算。

③将当前求解位权乘数码累加到累加器中，当循环结束后，累加器中存储的值就是转换为十进制之后的数字。

```
#include<iostream>
#include<cmath>
using namespace std;
int main(){
    int n,i=0,sum=0;
    cin>>n;
    while(n!=0){
        int t=n%10;     //拆分当前个位
        n=n/10;     //删除当前个位
        t=t*pow(8,i);     //计算当前位权*数码
        i++;
        sum=sum+t;     //累加当前位权*数码
    }
    cout<<sum;
    return 0;
}
```

关注“小可学编程”微信公众号，
获取答案解析和更多编程练习。

【练习 19.5.2】

题目描述

小可学习 C++语言进制中又遇到了一些困难，现在要求输入一个十进制整数，然后输出这个整数的八进制形式，请你编写代码帮她解决这个问题。

输入

输入一行，仅含一个十进制表示的整数 a(0<a<65536)。

输出

输出一行，a 的八进制表示。

样例输入

```
9
```

样例输出

```
11
```

小可的答案

分析：

将十进制数转化为八进制数，需分整数部分和小数部分两部分分别处理。

整数部分：除以 X 取余数，直到商为 0，余数从右到左排列(除 X 取余，逆序排列)。

小数部分：乘以 X 取整数，整数从左到右排列(乘 X 取整，顺序排列)。

实际上就是将求出的余数按逆序输出，因此声明一个一维数组存储每次求得的余数并逆序输出即可。

①声明数字 n 和对应进制 X，以及存储余数的数组 a[ ]，输入数字 n 和对应进制 X。

②利用 while 循环去求每一位余数并存储到数组中。

③因为余数需要逆序输出，所以应从最后一位开始输出，数组从下标 0 开始使用，一共有 i 个余数，所以最后一位余数应存储在 a[i−1]内。

```
#include<iostream>
using namespace std;
int main(){
    int n,x,a[100],i=0;
    cin>>n;
    while(n!=0){
        int t=n%8;     //除 x 取余
        n=n/8;     //除 x 取商
```

```
            a[i]=t
            i++;      //统计余数数量
        }
        for(int j=i-1;j>=0;j--){
            cout<<a[j];
        }
        return 0;
    }
```

【练习 19.5.3】

题目描述

将任意一个 n 进制整数 x 转换成十进制。

输入

第一行一个正整数 n，1<n<17。

第二行一个整数 x。

输出

一行一个数，表示转换得到的十进制数，保证答案不超过 2147483647。

样例输入

```
2
100110
```

样例输出

```
38
```

小可的答案

分析：

一个超过十进制的数字很有可能会出现字母，因此无法采取刚才的方式去进行进制转换，需要特殊处理。

①任意进制转化为十进制时，将数字当作一个字符串进行输入，从后向前依次判断每一位是数字还是字符并分别执行操作。

②是数字的变成真正的数字。

③是字符的找到对应的数字是多少并进行转换。

④采用按权展开的方式对每一位数乘上对应的位权并进行累加求和。

```
#include<iostream>
#include<cmath>
#include<string>
using namespace std;
int main(){
    int x,j=0,sum=0,len,t;
    string n;
    cin>>x>>n;
    len=n.size();
    for(int i=len-1;i>=0;i--){      //逆序(从个位开始)判断每一位
        if(n[i]>='0'&&n[i]<='9') t=n[i]-'0';      //数字操作
        else t=n[i]-'A'+10;      //字母操作
        t=t*pow(x,j);      //计算当前位权*数码
        j++;
        sum=sum+t;      //累加当前位权*数码
    }
    cout<<sum;
    return 0;
}
```

第 20 章 文件

第 1 节　文件的概念

我们目前所编的程序中，数据是通过键盘输入，储存在变量、数组或者链表中的，但这些数据在程序结束后就消失了。为了在程序结束后将所有的数据保存下来，就需要使用一个外部介质将所有数据储存下来。

文件的概念

1. 文件

文件指储存在外部介质上的有序数据的集合。

C 语言认为文件是磁盘文件和其他具有输入输出(I/O)功能的外部设备(如键盘、显示器)的总称。

2. 文件的分类

C 语言把文件看作是一个字节的序列，根据数据的组织形式把文件分为两类：文本文件和二进制文件。

①文本文件也称"ASCII 文件"，文本文件的每一个字节存放一个字符，每个字符用一个 ASCII 码表示。

整数 2460 在文本文件中占用 4 个字节，分别存放字符 2，4，6，0。

　　2　　　　4　　　　6　　　　0

<u>00110010 00110100 00110110 00110000</u>

字符 2 的 ASCII 码值为 50，$2^5+2^4+2^1=32+16+2=50$。

字符 4 的 ASCII 码值为 52，$2^5+2^4+2^2=32+16+4=52$。

字符 6 的 ASCII 码值为 54，$2^5+2^4+2^2+2^1=32+16+4+2=54$。

字符 0 的 ASCII 码值为 48，$2^5+2^4=32+16=48$。

②二进制文件则是以字节为单位存放数据的二进制代码，将储存的信息严格按照其在内存中的形式来储存。

整数 2460 在内存中的储存形式为：

<u>00000000000000000000100110011100</u>

$2460=2^{11}+2^8+2^7+2^4+2^3+2^2=2048+256+128+16+8+4$。

3. 文本文件和二进制文件的优缺点

①文本文件：

优点：便于对字符进行处理；便于在文本编译器中直接阅读。

缺点：占用储存空间较多，计算机处理数据时需要将 ASCII 形式转换成二进制形式，会花费较多的时间，降低程序的执行效率。

②二进制文件：

优点：节省储存空间，无须转换时间，程序执行效率较高。

缺点：不能直接输出字符形式，可读性差。

学　习　笔　记

学习内容：文件、常见的文本文件后缀

①文件。C 语言把文件看作一个字节的序列，根据数据的组织形式把文件分成两类：文本文件和二进制文件。

②常见的文本文件后缀：txt、html；常见的二进制文件：jpg、doc、mp3。

大多数文件基本上都是二进制文件。

第 2 节　文件的操作

我们通常编写的程序都是在屏幕上进行输入输出，而实际上通过一定的操作，也可以在文件中进行输入输出，就让我们来研究怎么在文件中进行输入输出吧！

 文件的操作

文件操作的基本步骤如下：

①打开文件，将文件指针指向文件，确定打开文件类型。

②对文件进行读或写的操作。

③关闭文件。

freopen 函数的一般格式为：

```
freopen("文件名","打开方式","文件指针")
```

freopen 是重定向函数，作用是把本来指向键盘的输入或指向屏幕的输出的文件指针，重新指定方向到文件中。

文件名：指向文件的文件名，若文件不在源程序文件夹中，必须说明文件地址。

打开方式：以读（输入）或写（输出）的方式打开文件。r 代表读。w 代表写。

文件指针：确定输入输出原本指向的文件。stdin 代表输入，默认指向键盘。stdout 代表输出，默认指向屏幕。

例题 20.2.1

输入 10 个整数，计算它们的和。

解析：①首先需要新建一个 in1.txt 文件，将需要输入的 10 个数字填写在文件中，然后将文件后缀名修改为.in，如图 20-2-1 所示。

*in1.txt - 记事本
文件(F) 编辑(E) 格式(O) 查看(V) 帮助(H)
1 2 3 4 5 6 7 8 9 10

图 20-2-1

②编写对应程序，并将 in1.in 放置到源程序文件夹中，out1.out 文件会在程序运行后自动生成。

```
#include<cstdio>      //freopen 的必备头文件
#include<iostream>
using namespace std;
int main(){
    int t,sum=0;
    freopen("in1.in","r",stdin);
    freopen("out1.out","w",stdout);
    for(int i=1;i<=10;i++){
        cin>>t;
        sum=sum+t;
    }
    cout<<sum<<endl;
    fclose(stdin);      //文件关闭操作
    fclose(stdout);      //文件关闭操作
    return 0;
}
```

③在源程序文件夹中查看 out1. out 文件，看输出内容是否正确(见图 20-2-2)。

图 20-2-2

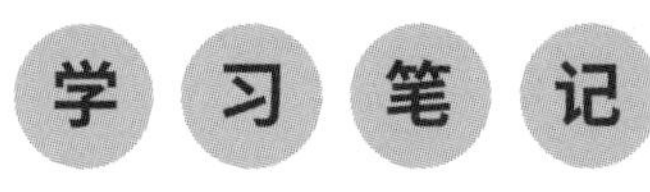

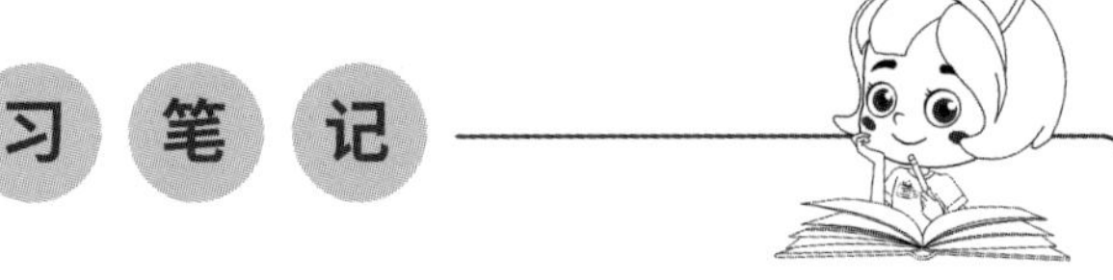

学习内容：文件操作 freopen 函数

freopen 是重定向函数，作用是把本来指向键盘的输入或者指向屏幕的输出的文件指针，重新指定方向到文件中。

动手练习

【练习 20. 2. 1】

题目描述

先输入 n，然后输出 n 个整数，计算它们的和，输入文件名为 coduck. in，输出文件名为 coduck. out。

小可的答案

```
#include<cstdio>      //freopen 的必备头文件
#include<iostream>
using namespace std;
```

```
int main(){
    int t,sum=0,n;
    freopen("coduck.in","r",stdin);
    freopen("coduck.out","w",stdout);
    cin>>n;
    for(int i=1;i<=n;i++){
        cin>>t;
        sum=sum+t;
    }
    cout<<sum<<endl;
    fclose(stdin);      //文件关闭操作
    fclose(stdout);     //文件关闭操作
    return 0;
}
```

第21章 信息的表示与存储

第 1 节 计算机中数据的存储单位

通过前面的学习，我们知道了文件如何存储在计算机中，而文件最大的作用就是传递信息，这也是计算机的优点之一。那么，这么多的信息在计算机中是如何表示并进行存储的呢？让我们一起来探索一下吧！

最小单位

位（比特 bit，缩写为 b）是计算机中表示信息的最小单位。我们不一定听说过比特，但是大名鼎鼎的比特币就是以此命名的。

比特作为信息技术的最基本存储单元，因为实在太小了，所以大家在生活中并不是经常听到。那么，bit 是什么呢？

电脑是以二进制存储以及发送、接收数据的。二进制的一位，就叫作“1 bit”。也就是说，bit 的含义就是二进制数中的一个数位，即“0”或者“1”。它只有“0”和“1”两种取值。n 位二进制数能表示 2^n 种状态。

计算机中的任何信息都是用“0”和“1”进行二进制编码、表示和存储的，包括英文字母、符号、汉字、图片、音乐、视频等。

例题 21.1.1

计算机中表示信息的最小单位是________。

解析： 位是计算机中表示信息的最小单位。

参考答案：

位

基本单位

字节（Byte，缩写为 B）是计算机中存储信息的基本单位，每个字节由 8 位二进制数组成，计算机是以字节来计算存储容量的。Byte 是字节的英文写法。

既然名字叫字节，那肯定跟字符有关系。是的，英文字符通常是一个字节，也就是 1B，

中文字符通常是两个字节，也就是 2B。

字节和比特的换算关系是 1Byte = 8bit。字节是由 8 个位组成的，可代表一个字符(A～Z)、数字(0～9)或符号，是计算机内存储数据的基本单位。

例题 21.1.2

字节是计算机中存储信息的________单位。

解析：字节是计算机中存储信息的基本单位。

参考答案：

基本

其他常见单位

随着信息的爆炸式增长，计算机存储器的容量越来越大，存储单位也越来越多。常见的有千字节(KB)、兆字节(MB)、千兆字节(GB)、兆兆字节(TB)，它们之间的换算关系都是1024(2^{10})，即

1KB=1024B=2^{10}B，1MB=1024KB=2^{20}B，1GB=1024MB=2^{30}B，1TB=1024GB=2^{40}B，

需要了解的是，1KB 并不是一千字节，因为计算机只认识二进制，所以在这里的 1KB 是 2 的 10 次方，也就是 1024 个字节。因为计算机内部执行的是二进制的制度，所以它只能识别出“1”和“0”，而我们习惯生活当中十进制的进位规律，所以计算机就被设定成了 2 的 10 次方的进位。也就是说 1K=2×2×2×2×2×2×2×2×2×2(10 个 2 进行相乘，最后的结果是 1024)。

例题 21.1.3

5Byte = ________bit。

解析：1Byte=8bit，则 5Byte=5×8bit=40bit。

参考答案：

40

学习内容:位、字节、常见的字节

1. **位**

位(比特 bit,缩写为 b)是计算机中表示信息的最小单位,它只有“0”和“1”两种取值。

2. **字节**

字节(Byte,缩写为 B)是计算机中存储信息的基本单位,每个字节由 8 位二进制数组成。计算机是以字节来计算存储容量的。

3. **常见的字节**

常见的有千字节(KB)、兆字节(MB)、千兆字节(GB)、兆兆字节(TB),它们之间的换算关系都是 1024(2^{10}),即 1KB=1024B=2^{10}B, 1MB=1024KB=2^{20}B, 1GB=1024MB=2^{30}B,1TB=1024GB=2^{40}B。

第 2 节 原码 反码 补码

现在有一个问题:十进制数 6 用八位二进制表示为 00000110,那十进制数−6 如何表示? 是−00000110 吗? 计算机是如何区分正负数的呢?

带符号数的表示

因为位只用“1”和“0”这两个数字表示信息,因此无法出现负号。正、负也要用“0”和“1”来表示,一般指定最左边一位(一个数的最高位)表示数的符号,用“0”代表正数,用“1”代表负数。若一个数用 8 位二进制表示,+6 和−6 的表示形式为:

0	0	0	0	0	1	1	0	+6
1	0	0	0	0	1	1	0	-6

例题 21.2.1

+3 用 8 位二进制表示为 00000011,−3 用 8 位二进制如何表示?

解析:+3 用 8 位二进制表示为 00000011,−3 只需将最高位表示成符号位即可。最高位表示负数用“1”,即−3 用 8 位二进制表示为 10000011。

参考答案:

10000011

原 码

这种用“0”和“1”表示数的符号的数称为“机器数”,也称为数的“原码”。

整数 x 的原码表示是:整数的符号位用“0”表示正,“1”表示负,其数值部分用该数的绝对值的二进制表示。

+7:00000111　+0:00000000

−7:10000111　−0:10000000

其中,可以看出在原码中 0 有两种表示方法。

例如,对于十进制数 x=+6,其原码为 00000110,对于十进制数 y=−3,其原码为 10000011。

如果是十进制下 x 和 y 进行运算：x＋y＝＋6＋(－3)＝6－3＝3，x－y＝＋6－(－3)＝6＋3＝9。

但如果用两个数原码相加，是得不到我们想要的结果的。

```
  00000110            00000110
 -10000011           +10000011
-----------         -----------
  10000011(-3)        10001001(-9)
```

 反　码

对于一个正数，原码就是反码。

负数则有不同的表示形式。负数的反码是对该数的原码除了符号位外各位取反。反码是求补码的中间过渡。整数 x 的反码表示如下：

＋7：00000111　＋0：00000000

－7：11111000　－0：11111111

其中，可以看出在反码中 0 也有两种表示方法。

补　码

对于一个正数，补码就是原码(反码)，没有任何区别。

对于一个负数，其补码是在其反码的基础上末位加 1。整数 x 的补码表示如下：

＋7：00000111　＋0：00000000

－7：11111001　－0：00000000

其中，在补码表示中 0 有唯一的表示形式，即 [＋0] ＝ [－0] ＝ 00000000，补码能将所有数正确表示，计算机内部进行计算其实就是利用补码进行计算。

例题 21. 2. 2

利用补码进行(＋6)＋(－6)运算。

解析：首先，我们应将＋6 和－6 的原码表示出来，然后再将其补码表示出来，最后列竖式相加。

参考答案：

+6:00000110(原) 00000110(反) 00000110(补)

```
-6:10000110(原) 11111001(反) 11111010(补)
00000110+11111010=00000000
```

动手练习

【练习 21.2.1】

题目描述

计算以下数字的补码,用 8 位二进制数来表示。

①－12

②＋32

③－43

④－123

小可的答案

① 10001100(原) 11110011(反) 11110100(补)

② 00100000(原) 00100000(反) 00100000(补)

③ 10101011(原) 11010100(反) 11010101(补)

④ 11111011(原) 10000100(反) 10000101(补)

【练习 21.2.2】

题目描述

判断下列说法是否正确?

①计算机中使用原码来进行计算。

②正数的原码、反码、补码形式完全相同。

小可的答案

①错误,计算机中使用补码进行计算。

②正确。

学习内容：带符号数的表示、原码、反码、补码

①正、负也要用“0”和“1”来表示，一般指定最左边一位（一个数的最高位）表示数的符号，用“0”代表正数，用“1”代表负数。

②正数的原码、反码、补码形式相同。

③整数 x 的原码表示是：整数的符号位用“0”表示正，“1”表示负，其数值部分用该数的绝对值的二进制表示。其中，在原码中表示中 0 有两种表示形式，即 00000000 或 10000000。

④负数的反码是对该数的原码除了符号位外各位取反。其中，在反码表示中 0 有两种表示形式，即 00000000 或 11111111。

⑤负数的补码是在其反码的基础上末位加 1 得到。

第 3 节　定点数和浮点数

因为位只用“1”和“0”这两个数字表示信息，因此无法出现正负号，同样也无法出现小数点，所以计算机中常用的数据表示格式有两种：一是定点格式，二是浮点格式。也就是所谓的“定点数”和“浮点数”，接下来我们就一起深入了解一下吧！

定点数和浮点数

所谓“定点数”和“浮点数”，是指在计算机中一个数的小数点的位置是固定的还是浮动的：如果一个数中小数点的位置是固定的，则为定点数；如果一个数中小数点的位置是浮动的，则为浮点数(见图 21-3-1)。一般来说，定点格式可表示的数值的范围有限，但要求的处理硬件比较简单。而浮点格式可表示的数值的范围很大，但要求的处理硬件比较复杂。

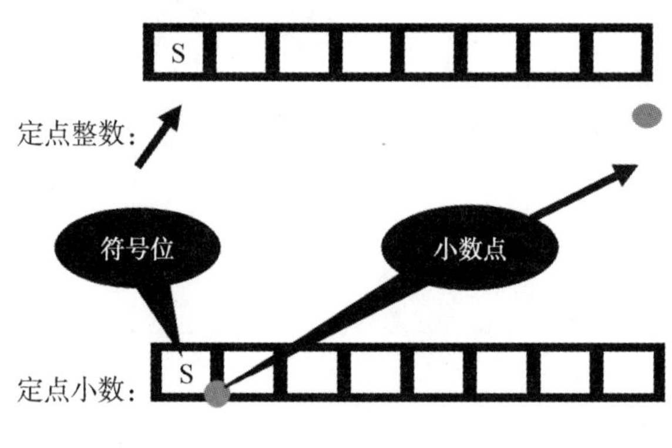

图 21-3-1

浮点数表示数字的原理与科学计数法有很大的关系。

在科学计数法中，十进制数-1234.567可表示为$-1234.567=-1.234567\times10^{3}$。

对于任意一个非 0 的十进制数字来说，乘 10 的 n 次方可将小数点往左移动 n 位，乘 10 的$-$n 次方可以使小数点往右移动 n 位。十进制的这种方法我们也可以应用到二进制中，对于任意一个非 0 的二进制数字来说，乘 2 的 n 次方可以将其小数点往左移动 n 位，乘 2 的$-$n 次方可以将其小数点往右移动 n 位。

$$1011011.011 = 0.1011011011\times2^{7}$$

通过这样的方式,可以把任意一个带有小数部分的二进制数转换为一个定点小数。

采用以 2 为基数的科学计数法可将数字表示为

$$N = 数符\times尾数\times2^{阶码}$$

对于 0.1011011011×2^7,0(正)是数符,1011011011 是尾数,7 是阶码,把阶码也转换为二进制,就可以将这个数字转换为一个浮点数,用 32 位来表示这个浮点数,则具体形式如图 21-3-2 所示。

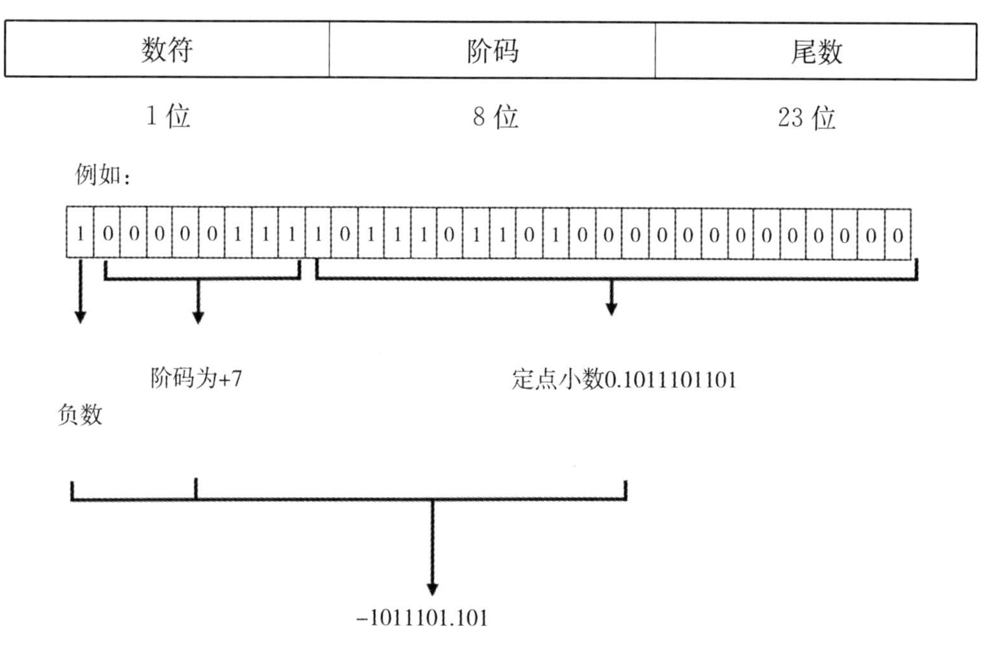

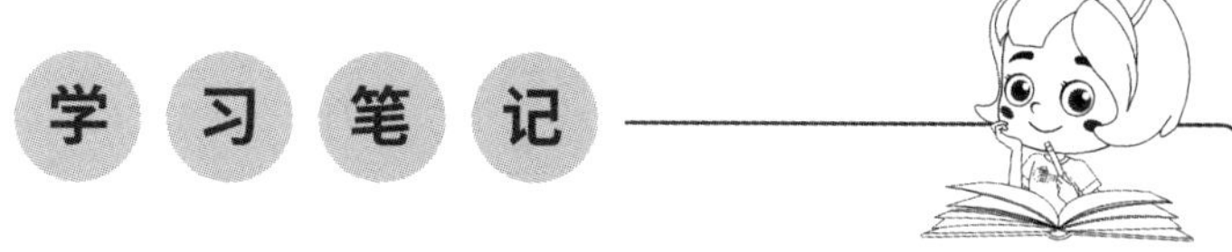

图 21-3-2

学 习 笔 记

学习内容:定点数与浮点数

所谓"定点数"和"浮点数",是指在计算机中一个数的小数点的位置是固定的还是浮动的:如果一个数中小数点的位置是固定的,则为定点数;如果一个数中小数点的位置是浮动的,则为浮点数。浮点数表示数值范围比定点数大。

第22章 简单递归

第1节 简单递归1

什么是递归？来给大家讲个故事吧。从前有座山，山里有座庙，庙里有个老和尚，在给小和尚讲故事：从前有座山，山里有座庙，庙里有个老和尚，在给小和尚讲故事："从前有座山，山里有座庙，庙里有个老和尚，在给小和尚讲故事……"。

 函数回顾

```
函数类型 函数名(形参类型表)
{
        说明部分
        语句部分
}
```

1. 函数类型

函数类型，即函数返回类型，包含常用数据类型以及void类型。其中void类型表示函数无返回值。

常用数据类型：int、float、double、long long、bool、char、string等。注意，函数返回值类型若不与函数类型一致，则强制类型转换为函数类型。通过"return 表达式;"语句来返回函数运算结果。

void类型：也叫"空类型"，即无返回值类型，函数中不需要返回函数运算结果，但是可以有return语句，比如"return;"

2. 函数名

函数名必须是合法的标识符，即符合命名规则以及不与已存在的关键字(如main)重名。

3. 形参类型表

逗号分隔的参数说明列表，缺省形式时不能省略圆括号。一般形式为：

```
(类型 参数1,类型 参数2,……,类型 参数n)
```

4. 函数体(return 语句)

函数体为空的函数称为“空函数”。

函数类型不为 void 时,包含 return 语句“return 表达式;”。

作用为:

①返回函数值,不再执行后续语句,程序控制返回调用点。

②一个函数体内可以有多个 return 语句。

③表达式返回值的类型与函数类型不相同时,自动强制转换成函数的类型。

5. 函数的调用与返回过程

具体如图 22-1-1 所示。

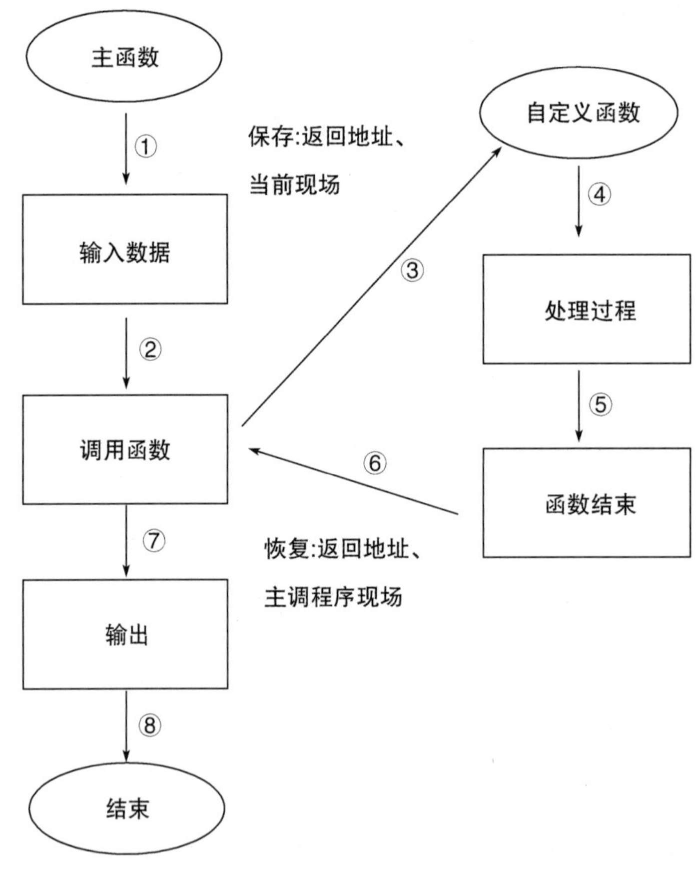

图 22-1-1

6. 函数之间的调用

函数之间有三种调用关系:主函数调用其他函数、其他函数互相调用、函数递归调用。C++程序从主函数开始执行,主函数由操作系统调用,主函数可以调用其他函数,其他函数之间可以互相调用，但不能调用主函数，所有函数是平行的，可以嵌套调用，但不能嵌套定义。

递 归

前面回顾的时候说过，函数之间有三种调用关系：主函数调用其他函数、其他函数互相调用、函数递归调用（见图 22-1-2）。

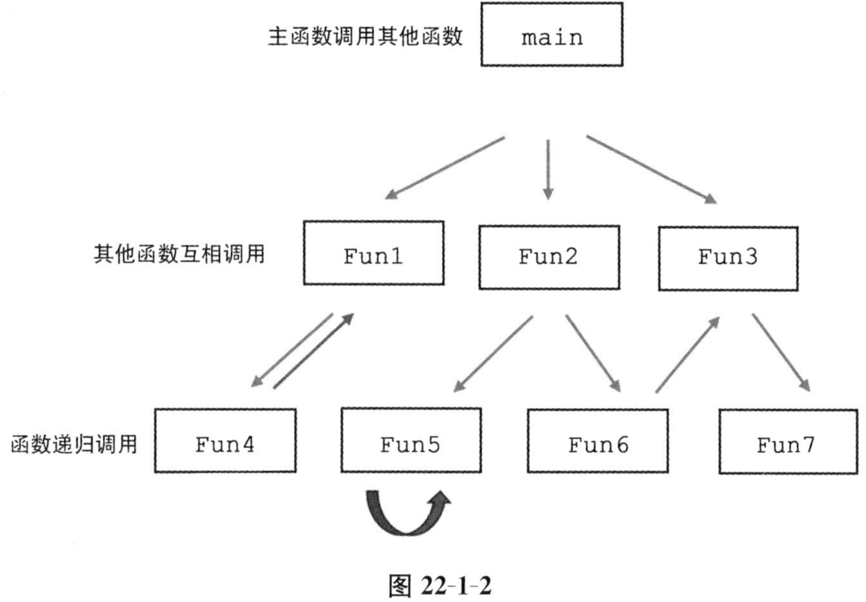

图 22-1-2

那么关于递归，可以怎么形容呢？

小可：什么是递归？

小达：你猜？

小可：你猜我猜不猜？

小达：你猜我猜你猜不猜？

小可：你猜我猜你猜我猜不猜？

小达：……

递归就是函数在调用过程中自己调用自己。

递归结构是更强的循环结构，所有的循环结构都可以写成递归结构，反之不一定行。

试编写一程序，输入 n，累加 1～n 并输出最终的结果。

```
#include<iostream>
using namespace std;
int main()
{
    int n,sum=0;
    cin>>n;
    for(int i=1;i<=n;i++){
        sum=sum+i;
    }
    cout<<sum;
    return 0;
}
```

其实我们也可以换一种方式编写。

```
#include<iostream>
using namespace std;
int fun(int x){
    if(x==0) return 0;
    return x+fun(x-1);
}
int main()
{
    int n,sum=0;
    cin>>n;
    sum=fun(n);
    cout<<sum;
    return 0;
}
```

这里的 fun 函数在执行时会调用自己，因此它是一个递归函数。假设我们输入的数字为 3，一起来看一下函数的执行过程（见图 22-1-3）。

```
#include<iostream>
using namespace std;
int fun(int x){
    if(x==0) return 0;
    returnx+fun(x-1);
}
```

当 x=0 时，不再调用自身而是返回0，此时函数会将每次求得的值依次返回给上一层函数，最终计算的是3+2+1+0，结果为 6，将其返回给主函数。

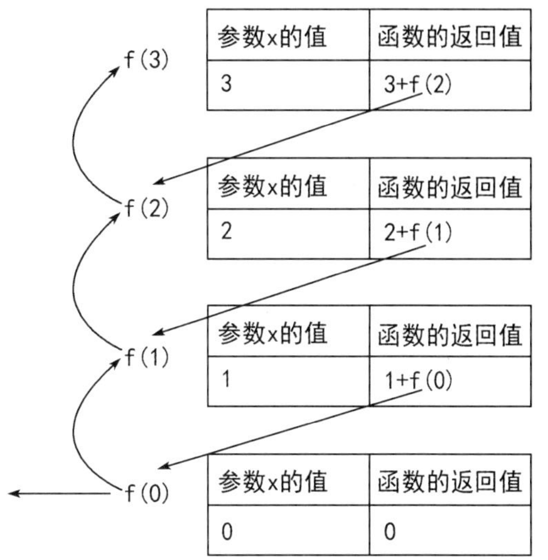

图 22-1-3

刚才的递归函数执行的过程可以分为两步：

第一步，不断调用自己，直到函数的返回值不再是函数调用而是一个实际的数值，即“递”。

第二步，将每一层调用的结果依次返回给上一层，直到将最终结果返回给主函数，即“归”。

对于一个正常的递归函数来说，递的过程和归的过程都是必需的，因此在编写递归函数前一定要确定好函数的结束条件，只递不归的函数会导致程序崩溃。

学习内容：函数回顾、递归

1. **函数回顾**

函数之间有三种调用关系：主函数调用其他函数、其他函数互相调用、函数递归调用。C++程序从主函数开始执行，主函数由操作系统调用，主函数可以调用其他函数，其他函数之间可以互相调用，但不能调用主函数，所有函数是平行的，可以嵌套调用，但不能嵌套定义。

2. **递归**

递归就是函数在调用过程中自己调用自己。递归结构是更强的循环结构，所有的循环结构都可以写成递归结构，反之不一定行。例如输出得到 0+1+2+…+n 的结果，相当于循环累加 1 到 n。

动手练习

【练习 22.1.1】 铅笔的数量

题目描述

老师要奖励作文比赛获得一、二、三等奖的同学。根据商议,老师决定买一些铅笔奖励给同学们,但是需要满足以下几个条件:

①每个组的铅笔数量一样,而且每个人得到的铅笔数都是整数支。

②每个组的铅笔数量尽可能少(毕竟是老师自费)。

输入

输入包含三个正整数 a, b, c,表示每个名次的人数,用空格分开(a,b,c<30)。

输出

输出一个整数,表示每组分得的铅笔数量。

样例输入

```
2 4 5
```

样例输出

```
20
```

小可的答案

分析:

根据题目要求可知,求得分给各组的铅笔数量应该满足能整除各组人数的最小数,即三组人数的最小公倍数。最小公倍数(a,b,c)=最小公倍数(最小公倍数(a,b),c);另外求最大公约数、最小公倍数可以写成函数,主函数中再按照题目要求进行调用就可以了。

```
#include<iostream>
using namespace std;
int gcd(int x,int y){
    int temp;
    while(x%y!=0){
        temp=x%y;
        x=y;
        y=temp;
    }
```

```
        return y;
    }
    int lcm(int i,int j){
        int sum=i*j;
        return sum/gcd(i,j);
    }
    int main(){
        int a,b,c;
        cin>>a>>b>>c;
        cout<<lcm(lcm(a,b),c);
        return 0;
    }
```

【练习 22.1.2】

题目描述

试编写一程序,输入 n(n>5),累加 5～n 并输出最终的结果。

小可的答案

分析:

根据之前的练习,可知求和可以写为递归函数,从 5 开始累加求和可以将递归出口条件设为 x=5。

```
#include<iostream>
using namespace std;
int fun(int x){
    if(x==5)return 5;
    return x+fun(x-1);
}
int main(){
    int n;
    cin>>n;
    cout<<fun(n);
    return 0;
}
```

关注“小可学编程”微信公众号,
获取答案解析和更多编程练习。

第 2 节　简单递归 2

再给大家讲个故事吧！在古老的帝国，有个帝王想要知道 5！的结果，他百般思考，终于想到了 5！为 5×4！。但是他怎么也不知道 4！为多少，于是他问宰相。宰相想了半天，也只知道 4！为 4×3！，3！仍然不晓得。于是，宰相去问大臣。大臣只知道 3！为 3×2！，2！仍然不知道。于是，大臣问县令。县令只知道 2！为 2×1！。于是，县令去问村民，村民只知道 1！为 1。然后一层层返回去，帝王才得到了 5！的结果。

递归求阶乘

Duck 老师讲的故事，我们可以通过一张图来表达（见图 22-2-1）。

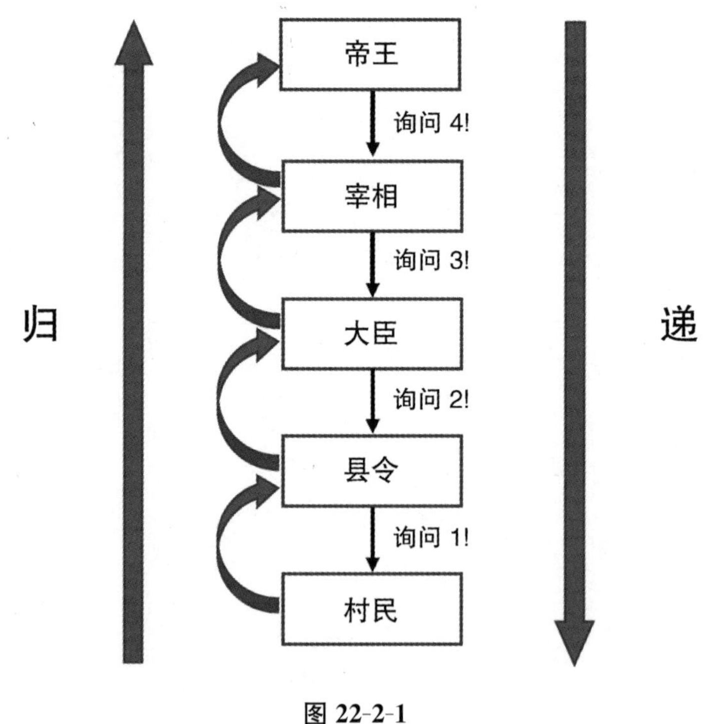

图 22-2-1

动手练习

【练习 22.2.1】 计算阶乘

题目描述

求 n!（n≤12），也就是 1×2×3×…×n。

挑战：尝试不使用循环语句（for、while）完成这个任务。

输入

输入一行，一个正整数 n。

输出

输出一行，一个整数，表示阶乘的结果。

样例输入

```
3
```

样例输出

```
6
```

小可的答案

分析：

用递归函数求 n 阶乘的值，n! =1×2×3×…×(n−1)×n

①明确函数的功能。

```
int fun(int n){
}
```

➡ 函数功能为求 n 的阶乘，通过调用此函数可以求出

②寻找递归结束的条件。

```
int fun(int n){
    if(n==0)
      return 1;
}
```

➡ 我们都知道 0 的阶乘为 1，所以，当 n 为 0 时，函数的值为 1

③找出递归的条件。

```
int fun(int n){
    if(n==0)return 1;
    return n*fun(n-1);
}
```

➡ n 的阶乘为 n×(n−1 的阶乘)

```
#include<iostream>
using namespace std;
int fun(int n){
    if(n==0){
      return 1;
    }
    return n * fun(n-1);
}
int main(){
    long long fac;
    int n;
    cin>>n;
    fac=fun(n);
    cout<<fac;
    return 0;
}
```

关注“小可学编程”微信公众号，获取答案解析和更多编程练习。

【练习 22.2.2】 求最大公约数问题

题目描述

给定两个正整数，求它们的最大公约数。

输入

输入一行，包含两个正整数(<1000000000)。

输出

输出一个正整数，即这两个正整数的最大公约数。

样例输入

```
6 9
```

样例输出

```
3
```

小可的答案

分析：

用递归函数求 a,b 的最大公约数。

①明确函数的功能。

```
int gcd(int a,int b){
}
```

➡此函数的功能为求 a,b 的最大公约数

②寻找递归结束的条件。

```
int gcd(int a,int b){
    if(a%b==0)
        return b;
}
```

➡当“a%b==0”时，除数即为两数的最大公约数，因此当“a%b==0”时，函数值为 b

③找出递归的条件。

```
int gcd(int a,int b){
    if(a%b==0)
        return b;
    return gcd(b,a%b);
}
```

➡辗转相除法求最大公约数，除数(b)变被除数，余数“(a%b)”变除数

```
#include<iostream>
using namespace std;
int gcd(int a,int b){
    if(a%b==0)
        return b;
    else
        return gcd(b,a%b);
}
int main(){
    int a,b;
    cin>>a>>b;
    cout<<gcd(a,b);
    return 0;
}
```

关注“小可学编程”微信公众号，
获取答案解析和更多编程练习。

【练习 22.2.3】 进制转换 1

题目描述

小可学习 C++语言进制中遇到了一些困难，现在要求输入一个八进制整数，然后输出这个整数的十进制形式，请你编写代码帮她解决这个问题。

输入

输入一行，仅含一个八进制表示的正整数 a，a 的十进制表示的范围是(0，65536)。

输出

输出一行，a 的十进制表示。

样例输入

```
11
```

样例输出

```
9
```

小可的答案

分析：

用递归函数求八进制 x 对应的十进制数。

①明确函数的功能。

```
int fun(int x){
}
```

➡函数功能为求 x 对应的十进制数字

②寻找递归结束的条件。

```
int fun(int x){
    if(x==0)
        return 0;
}
```

➡当 x=0 时，代表每一个位权 * 数码都已经计算完毕，因此函数值为 0

③找出递归的条件。

```
int gcd(int x,int i){
    if(x==0) return 0;
    else return x%10 * pow(8,i)+ fun
(x/10,i+1);
}
```

➡通过“pow(8,i)”求出当前位权乘以数码“x%10”，调用函数进行下一位运算

```
#include<iostream>
#include<cmath>
using namespace std;
int fun(int x,int i){
    if(x==0) return 0;
    else return x%10*pow(8,i)+fun(x/10,i+1);
}
int main(){
    int x,num,i=0;
    cin>>x;
    cout<<fun(x,i);
    return 0;
}
```

【练习 22.2.4】 整数"化"1

题目描述

小可发现了关于正整数的一个神奇的地方：任意一个正整数，如果这个正整数能被 2 整除，则除以 2，如果这个正整数不能被 2 整除则乘 3 加 1，得到的结果再按照上述规则重复处理，最终总能够得到 1。现在小可想写个程序将一个正整数变化到 1 的过程表示出来，你能协助小可完成这个任务吗?

输入

一个正整数 n(n≤2000000)。

输出

从输入整数到 1 的步骤，每一步为一行，每一部中描述计算过程。

最后一行输出"End"。如果输入为 1，直接输出"End"。

样例输入

```
5
```

样例输出

```
5*3+1=16
16/2=8
8/2=4
4/2=2
2/2=1
End
```